Zu diesem Buch

Unser Bild von der Schöpfung ist durch die spezifischen Eindrücke geprägt, die unsere Sinnesorgane uns von der Umwelt vermitteln. Wir unterscheiden uns in dem, was wir durch die höheren und niederen Sinne zu empfinden vermögen. Grundsätzlich könnte sich jeder von uns eine eigene Vorstellung von der Welt machen. Da sich Sinnesempfindungen nicht übertragen lassen, sind Mißverständnisse nicht erstaunlich.

Ebensowenig sollte uns wundern, daß wir das eigentliche Wesen der Schöpfung – vom Bau der Atome bis zur Beschaffenheit des Universums – in seinen Dimensionen nicht wirklich begreifen können. Denn auch die Vorstellungskraft des menschlichen Geistes hängt von dem Aufnahmebereich unserer Sinne ab, und sie umfaßt nur einen winzigen Teil der Erstreckung des Raumes und der Zeit. Nur mit unserem Intellekt können wir den Käfig von Raum und Zeit sprengen, in dem uns unsere Sinne gefangenhalten.

Heinz Haber promovierte 1939 in Berlin als Physiker und habilitierte sich dort 1944 in Astronomie. Im Luftfahrtmedizinischen Forschungsinstitut der amerikanischen Luftwaffe begründete er zusammen mit Professor Strughold 1948 die Weltraummedizin. 1950 wurde er Professor für Astrophysik an der Air University, zwei Jahre später übersiedelte er an die University of California in Los Angeles. Seit 1955 produziert er vor allem wissenschaftliche Fernsehsendungen; Heinz Haber ist Herausgeber der Zeitschrift «Bild der Wissenschaft» und Autor der Bestseller «Unser blauer Planet» (rororo sachbuch 6609), «Der Stoff der Schöpfung» (rororo sachbuch 6625), «Der offene Himmel» (rororo sachbuch 6691), «Brüder im All» (rororo sachbuch 6720), «Unser Wetter» (rororo sachbuch 6831), «Stirbt unser blauer Planet?» (rororo sachbuch 6924) und «Planet im Meer der Zeit» (1976).

Heinz Haber

Gefangen in Raum und Zeit

Unsere Sinne und die Grenzen
der menschlichen Vorstellungskraft
über das Wesen der Schöpfung

Rowohlt

Umschlagentwurf Werner Rebhuhn
(Holzschnitt: Weltbild des Nikolaus von Kues)

Veröffentlicht im Rowohlt Taschenbuch Verlag GmbH,
Reinbek bei Hamburg, Juli 1977

Satz Garamond (Linotron 505 C)
Gesamtherstellung Clausen & Bosse, Leck/Schleswig
Printed in Germany
380-ISBN 3 499 17077 9

Für meine Frau Irmgard

Inhalt

Vorwort 9

Kapitel I Sinne 13

Kapitel II Raum 47

Kapitel III Zeit 71

Vorwort

Bücher sind wie Kinder, meinen viele Autoren. Dieser Vergleich trifft sogar in erstaunlich vielen Punkten zu. Der «werdende Vater» sieht dem freudigen Ereignis mit großer Erwartung entgegen – Bücher werden voller Euphorie konzipiert. Ebenso wie Kinder werden Bücher oft unter Schmerzen geboren. Sind sie dann da – die Kinder oder Bücher –, so empfindet der Vater oder Autor zunächst nichts als ungehemmte Freude. Dann allerdings beginnt die Sorge um ihre Zukunft: Werden sie sich spurenlos in der Menge verlieren? Juristisch gesehen, können Väter verschiedene Arten von Kindern haben. Die meisten sind ehelich und entsprechen den Büchern, die der Autor langfristig plant. Doch auch bei sorgfältigster Familienplanung kann es geschehen, daß sich ein Kind ankündigt, mit dem man nicht gerechnet hat. Mitunter passiert dies auch beim Bücherschreiben.

Das vorliegende Büchlein ist ein Kind von dieser Art. Es war überhaupt nicht vorgesehen, es hat sich zwischendurch angemeldet und seine Existenz geltend gemacht. Die Natur hat für solche «Unfälle» oft eine überraschende Entschädigung: Ungeplante Kinder sind einem oft die liebsten.

Mein Verleger jedenfalls hat auch für dieses an sich ungeplante Buch rechtzeitig Sorge getragen, wofür ich ihm wie immer herzlich danke. Meiner Frau gebührt wiederum die Widmung für dieses Buch, da sie bei der Abfassung des Textes, bei der Auswahl des Stoffes und der Formulierung des Titels wie schon oft zuvor entscheidende Geburtshilfe geleistet hat.

Seefeld, Tirol, 31. Dezember 1974 — Heinz Haber

Anatomie des Ohres: Dieser Kupferstich gibt uns einen Begriff von der Raffinesse, mit der die biologische Entwicklung die Sinnesorgane der höheren Lebewesen ausgestattet hat.

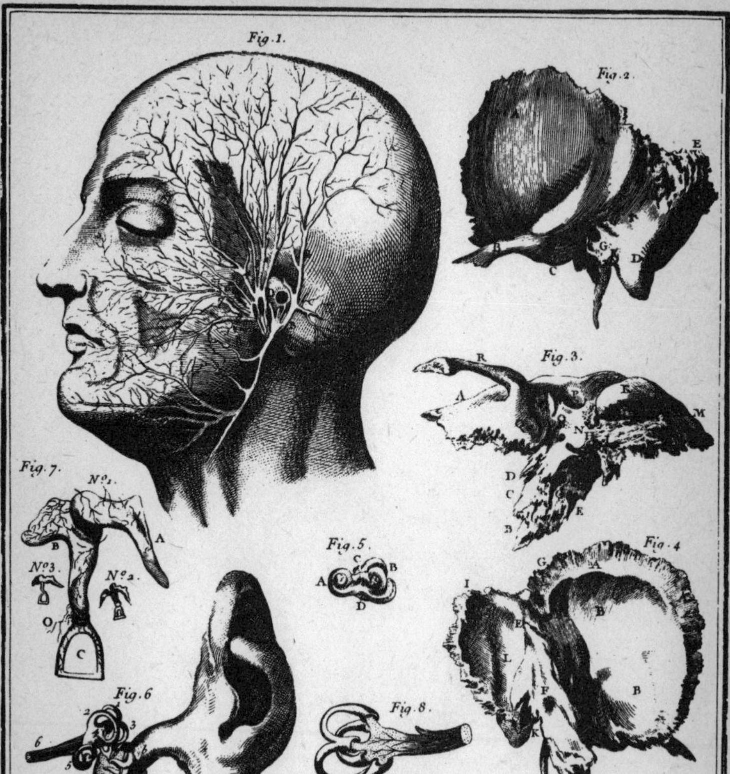

Fig. 1.
Fig. 2.
Fig. 3.
Fig. 4
Fig. 5.
Fig. 6
Fig. 7.
Fig. 8.
Fig. 9.
Fig. 10.
Fig. 11.
Fig. 12.

Kapitel I

Sinne

Es muß wohl im Oktober des Jahres 1947 gewesen sein, als ich einem engen Freund und Kollegen völlig unbeabsichtigt einen schweren Schock versetzt habe. Dieser Freund ist Neuropathologe und heute ein berühmter Hirnforscher an der Johns Hopkins University in Baltimore im amerikanischen Staat Maryland. Professor Richard L. ist farbenblind, und die Bedeutung dieser Fehlleistung seiner Augen wurde ihm zum erstenmal anläßlich eines gemeinsamen Gesprächs in ihrem ganzen Umfang klar.

Richard L. und ich sind damals, kurz nach dem Kriege, als deutsche Wissenschaftler nach Amerika geholt worden, um dort unsere Arbeiten fortzusetzen. Wir gehörten zu jener Gruppe von deutschen Wissenschaftlern, die Werner Höfer einmal scherzweise als «Beutegermanen» bezeichnet hat. Uns hatte man damals aufgefordert, unsere Arbeiten an der «United States Air Force School of Aviation Medicine» in Texas weiterzuführen. In den weiten Steppen des Landes Texas liegt einer der größten Stützpunkte der amerikanischen Luftwaffe, Randolph Field, etwa 30 Kilometer von der südtexanischen Stadt San Antonio entfernt. Es war eigentlich ein großer Fliegerhorst, auf dessen weitläufigem Gelände sich auch das Luftfahrtmedizinische Institut der amerikanischen Luftwaffe befand. Etwa 28 deutsche Wissenschaftler und Techniker wurden damals Mitglieder dieses Instituts – es waren zumeist Fachärzte, die in den Kriegsjahren in der Forschung der deutschen Luftfahrtmedizin tätig waren. Unser Chef war der Senior der deutschen Luftfahrtmedizin, der ehemalige Oberstarzt der deutschen Luftwaffe und Ordinarius für Physiologie an der Universität Heidelberg, Prof. Dr. Hubertus Strughold. Er hat mich als Astronomen und Physiker an dieses rein medizinische Forschungsinstitut der amerikanischen Luftwaffe gebracht, weil ihm damals schon die Gründung eines neuen Wissenschaftsgebietes, der Raumfahrtmedizin, vorschwebte. Dazu brauchte er auch einen Astronomen, und das ist der Grund, weshalb ich fünf Jahre lang als junger Wissenschaftler an einem medizinischen Forschungsinstitut verbracht habe. Dort lernte ich auch den Neuropathologen Dr. Richard L. kennen, dessen wissenschaftliche Heimat in Deutschland das alte Kaiser-Wilhelm-Institut für Hirnforschung war.

Für uns deutsche Wissenschaftler war der erste subtropische Sommer in Texas mit monatelangen Tagesspitzentemperaturen von über 40 Grad eine ziemliche Überraschung. Jeden Abend nach Sonnenuntergang warteten wir sehnlichst auf die milden Nachttemperaturen, wobei das Thermometer wenigstens bis auf 30 Grad absank. Um uns von der brutalen Hitze der Sommer- und Herbsttage der Subtropen zu erholen, machten wir einzeln oder in Gruppen nach Sonnenuntergang lange Spaziergänge durch die steppenartige Landschaft des Flugplatzes, in die die amerikanische Luftwaffe zwei riesige betonierte Landepisten von fast 4 Kilometer Länge hineingebaut hatte. Abend für Abend wölbte sich über dieser subtropischen Landschaft ein wolkenloser Sternenhimmel.

Dr. Richard L. war aufgrund der Verzögerung durch die Bürokratie fast ein halbes Jahr später zu uns gestoßen, und ich, der ich schon fast ein Jahr in Texas gelebt hatte, freundete mich sehr bald mit ihm an. Nicht nur als Mensch war er für mich interessant, sondern auch als Versuchsperson, da ich damals über die sogenannte Farbenblindheit arbeitete und Dr. L. der einzige unter uns Kollegen war, der voll ausgeprägt und echt «rotgrünblind» war. Wenn man dieses Phänomen untersucht, so ist es natürlich sehr fruchtbar, wenn man eine Versuchsperson hat, die selbst etwas von diesem Geschäft versteht.

An dieser Stelle möchte ich nun keineswegs ein Lehrbuch über die sogenannte Farbenblindheit schreiben. Es genügt zu sagen, daß der Ausdruck «Farbenblindheit» den Eindruck erweckt, als ob ein «farbenblinder» Mensch überhaupt keine Farben wahrnehmen könne. Das ist nicht ganz richtig. Wir Menschen gehören zu den ganz wenigen Gattungen in der Fauna, welche Farben zu unterscheiden vermögen. In dieser Funktion des menschlichen Auges gibt es bei bestimmten Individuen erblich bedingte Abwandlungen. Aber nur einem Individuum unter 40000 fehlt der Farbensinn völlig, so daß er die Umwelt von Geburt bis zum Tode nur in Schwarzweißtönen wahrnimmt. Ein Mensch, der diese seltene Mißbildung besitzt, erlebt also seine Umwelt so, wie wir unsere Programme in einem Schwarzweißfernseher empfangen.

Es gibt jedoch auch leichtere Störungen des Farbensinns – die sogenannte «Rotgrünblindheit» –, die weit häufiger sind. Nicht weniger als 8 Prozent aller Männer können die Farben Rot, Gelb und Grün nicht mit Sicherheit unterscheiden, während bei den Frauen dieser Mangel nur einmal unter 200 Individuen vorkommt. Wir werden gleich dazu kommen, das Wesen der «Rotgrünblindheit» zu beschreiben; zunächst jedoch soll etwas über diese Geschlechtsgebundenheit der Störungen des menschlichen Farbensinns gesagt werden.

Störungen des Farbensinns kann man im echten Sinn eigentlich nicht als eine Krankheit bezeichnen, denn der davon betroffene Mensch kann ansonsten völlig gesund sein. Es ist nur so, daß diese Störungen des Farbensinns durch Erbelemente – die sogenannten Gene – übertragen werden. Alle Körpereigenschaften, wie etwa Augen-, Haut- und Haarfarbe, Rassenmerkmale, Körpergröße, Neigungen zu Organschwächen, sind vererblich und werden durch diese Gene übertragen, wobei bei dem Vorgang der Zeugung Gene der Mutter und des Vaters wie bei einem Würfelspiel gemischt werden. Eines dieser Gene bestimmt auch das Geschlecht des Kindes, je nachdem, welches der beiden geschlechtsbestimmenden Gene im Samen des Vaters zur Befruchtung führte. Da haben wir eine Mischung von fast genau 50 zu 50, und das ist der Grund, weshalb es auf der Welt ziemlich genau gleich viele Männer und Frauen gibt.

Das Gen, das den geschlechtsbestimmenden Anteil enthält, trägt außerdem noch die Anlagen für eine ganze Reihe von anderen Eigenschaften, die sich auf diese Weise vererben. Die Anlagen für die Farbtüchtigkeit des menschlichen Auges liegen auch in diesem das Geschlecht bestimmenden Gen. In die gleiche Gruppe von Erbeigenschaften, die biochemisch mit dem Sex-Gen verbunden sind, gehört auch ein vererbter Mangel in der Fähigkeit, das Blut gerinnen zu lassen.

Ein damit behafteter unglücklicher Mensch ist ein sogenannter Bluter. Wenn wir uns verletzen, so gerinnt das abfließende Blut nach relativ kurzer Zeit, die Blutkörperchen haften fest aneinander und bilden einen feinen Film, der das weitere Ausfließen des Blutes verhindert. Das Blutgerinnsel trocknet sehr bald ein und bildet eine Kruste, die dann abfällt, wenn sich die Haut über der Verletzung nach wenigen Tagen geschlossen hat. Bei einem Bluter fehlt diese Pfropfenbildung, so daß er an selbst winzigen Verletzungen, die wir normalerweise nach wenigen Minuten schon vergessen haben, verbluten kann.

In diesen Fällen spricht man von einer echten Krankheit, der Bluterkrankheit. Die Farbenblindheit braucht man nicht als Krankheit anzusehen. Typisch für beide Ausfälle in diesen Veranlagungen jedoch ist die Tatsache, daß die Männer benachteiligt sind. Sowie einer dieser Ausfälle in dem mit dem Sex zusammengebauten Gen auftritt, wird ein Mann farbenblind oder ein Bluter. Die Frauen sind da etwas besser dran. Die Mechanik des Genaustausches bei der Zeugung nämlich gibt einem weiblichen Kind im gleichen Maßstab zwar auch unter Umständen diese Eigenschaften mit. Bei ihm brauchen die Erscheinungen aber körperlich nicht aufzutreten, so daß es selbst keine Bluterin und farbtüchtig ist, dennoch aber diese Eigenschaft an seine Kinder weitergeben kann. Es ist dann nur ein «Träger» dieser Mängel.

Bei einem Mann jedoch kommen die Farbenblindheit und die Bluterkrankheit immer dann körperlich zur Wirkung, wenn bei ihm das Gen diese Fehlleistungen enthält. Es ist nicht das Ziel dieser Schrift, das Würfelspiel der Vererbung im einzelnen zu beschreiben. Darüber gibt es viele Texte, über die sich jeder, der sich dafür interessiert, informieren kann. Der Schluß aus den Vorgängen, auf die es hier ankommt, besteht in der Tatsache, daß das männliche Geschlecht benachteiligt ist. Wenn nämlich entweder der Vater farbenblind oder Bluter ist oder die Mutter die Anlage für diese Fehlfunktionen in ihrem Erbgut trägt, dann wird die Hälfte der männlichen Kinder diese Mangelerscheinungen haben. Alle Mädchen sind davon frei, nur die Hälfte von ihnen ist Träger. Eine Frau kann nur dann farbenblind oder eine Bluterin werden, wenn sowohl der Vater als auch die Mutter diese Mangeleigenschaften in ihrem Erbgut besitzen. Und dann sind es auch nur die Hälfte der weiblichen Kinder, die farbenblind oder Bluterinnen werden. Es sieht so aus, als ob die Natur bei der Verteilung der Risiken des Lebens das weibliche Geschlecht ganz erheblich bevorzugt hat.

Aber zurück zu dem, was man Farbenblindheit nennt, und zu dem Schock, den ich meinem Freund Dr. Richard L. unwissentlich versetzt habe. Schon zuvor haben wir angedeutet, daß der Begriff Farbenblindheit nicht sehr glücklich gewählt ist. Die Zahl der exklusiv Schwarzweißseher ist sehr, sehr klein. Aber immerhin 8 Prozent der Männer sind, wie man sagt, «rotgrünblind», wobei auch hier wieder der Begriff «blind» falsch ist. Rotgrünblinde Menschen können lediglich mit einer gewissen Einschränkung zwischen den Farbmodalitäten Rot, Gelb und Grün unterscheiden. Wie ist das zu verstehen, und woher wissen wir das?

Wir alle kennen doch den Regenbogen und seine berühmten sieben Farben. Durch die Brechung zerlegt sich das weiße Licht der Sonne oder auch jeder anderen weißleuchtenden Lichtquelle in das Wunder der sieben Regenbogenfarben: Rot, Orange, Gelb, Grün, Blau, Indigo und Violett. Das weiße Licht nämlich besteht aus einer Mischung von elektromagnetischen Wellen verschiedener Wellenlängen, die auf unsere Netzhaut wirken, dort einen Reiz auslösen und in unserem Gehirn eine typische Empfindung erzeugen, für die man eben jene sieben Bezeichnungen gewählt hat. Während der Normalsichtige diese sieben Regenbogenfarben sieht und empfindet, gibt es für den Rotgrünblinden nur zwei Farbmodalitäten, und zwar Gelb und Blau. Für Rot und Grün hat er keinen «Sinn», wobei dieser Begriff sehr vielschichtig verstanden werden muß. Ein Farbenfehlsichtiger – das ist das bessere Wort als ein Farbenblinder – von dem Typ Richard L. sieht also den Regenbogen völlig anders als wir. In dem Bereich, in dem wir Rot, Orange, Gelb und Grün sehen, sieht er lediglich verschiedene Schattierungen dessen, was der Normalsichtige Gelb nennt. An der Grenze zwischen Blau und Grün sieht der Fehlsichtige nur ein farbloses Grau längs eines ganz schmalen Bandes, dann wird das Spektrum blau, und zwar von hellen Blautönen bis hinunter zu einem tiefdunklen Blau an der Stelle, wo wir Violett sehen.

Daß Wissenschaftler diese Behauptung überhaupt aufstellen konnten, verdanken sie einem einmaligen Fall, der von der Physiologie und der Erblehre her noch nicht so richtig verstanden worden ist. In

Die Familie der elektromagnetischen Wellen in der Form des sogenannten «Energie-Spektrums». Lange Wellen (das heißt kleine Frequenzen) befinden sich unten, kurze Wellen (das heißt große Frequenzen) befinden sich oben. Nur ein schmaler Bereich aus dem Energie-Spektrum ist für das Auge sichtbar. Die Regenbogenfarben des sichtbaren Lichts sind vergrößert dargestellt.

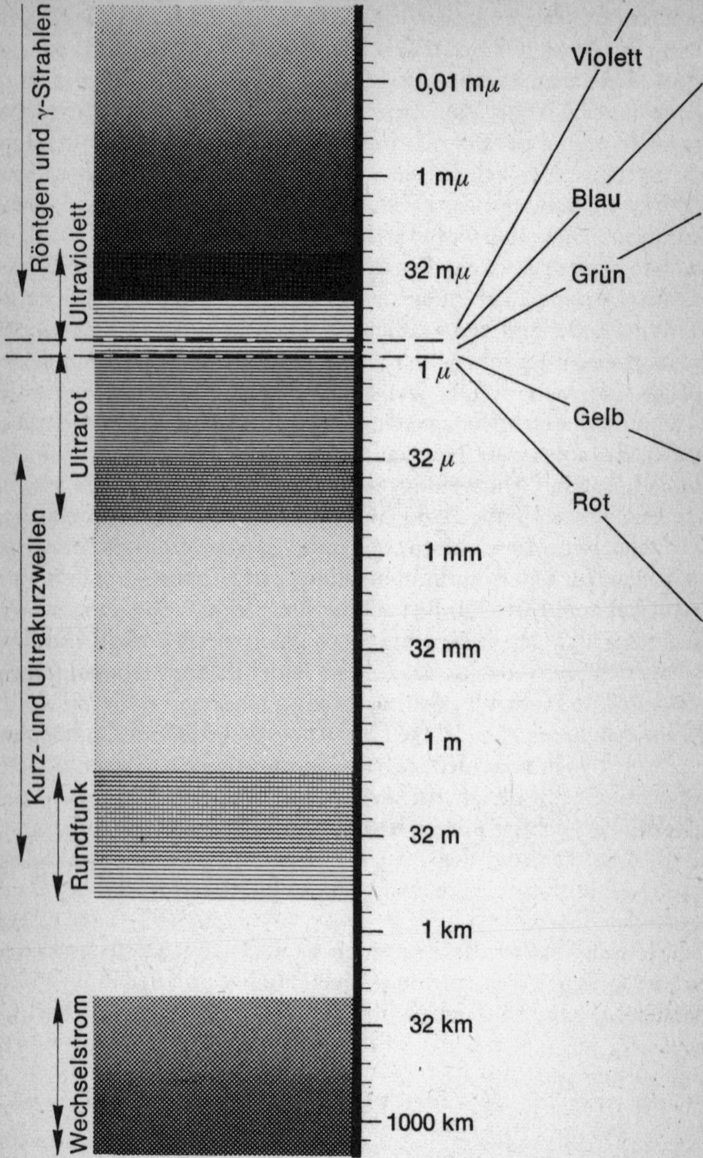

Röntgen und γ-Strahlen
Ultraviolett
Ultrarot
Kurz- und Ultrakurzwellen
Rundfunk
Wechselstrom
0,01 mμ
1 mμ
32 mμ
1 μ
32 μ
1 mm
32 mm
1 m
32 m
1 km
32 km
1000 km
Violett
Blau
Grün
Gelb
Rot

Amerika wurde nämlich einmal bei einer Gruppenuntersuchung ein Mann entdeckt, der ein farbtüchtiges und ein rotgrünblindes Auge besaß. Das war ein einmaliger Fall, in dem zwei verschieden konstruierte Augen über den optischen Nerv an dasselbe Gehirn angeschlossen waren. Durch eine eingehende Befragung der Sinnesempfindungen dieses Mannes konnte man über dieses eigentlich sonst unlösbare Rätsel Klarheit schaffen. Es wäre ein großes Glück gewesen, wäre dieses einmalige Individuum ein Wissenschaftler gewesen. Leider war er ein sehr naiver Mensch, der die Fragen der faszinierten Forscher gar nicht so recht verstand und dem man die Antworten mühsam entreißen mußte. Zumindest gelang es festzustellen, daß dieser Mensch mit einem Auge völlig farbtüchtig war. Ihm waren also die Sinnesempfindungen Rot, Grün, Gelb und ihre Unterschiede als Erfahrungswerte bewußt. Man schloß ihm dann das farbtüchtige Auge mit einer Klappe und zeigte ihm noch einmal ein Spektrum. Er schilderte, wie ihm nun die Farbmodalitäten erschienen, und beschrieb, daß das Spektrum am «roten» Ende tiefgelb war. An der Stelle, wo wir im Spektrum Gelb sehen, sah er auch ein normales Gelb. An der Stelle, wo wir Grün sehen, sah er nur ein sehr blasses Gelb, das schließlich farblos wurde, um dann einem ganz schwachen Blau Platz zu machen. Dann, an der Stelle, wo wir ein schönes kräftiges Blau sehen, sah er auch ein Blau, genauso wie mit seinem normalen Auge. Dort, wo wir dann ein Tiefblau und Violett sehen, endete für ihn die Sichtbarkeit des Spektrums in einem nachtdunklen Blau, das schließlich im Schwarzen verschwand.

Jetzt komme ich zurück zu jenem Gespräch, das ich in einer heißen Oktobernacht des Jahres 1947 mit meinem Freund Richard L. in Texas geführt habe. Das, was ich eben beschrieb, habe ich ihm erzählt. Obwohl er Arzt war und auch zu seiner Zeit das Physikum bestanden hatte, war ihm diese Augengeschichte noch nie so richtig aufgegangen. Es gab damals noch keine Farbfernseher, und aus diesem Grunde konnte ich auch nicht davon reden, daß wir Normalsichtige uns die farbige Umwelt eines Rotgrünblinden damit vorführen könnten. Die ersten Farbfernsehgeräte nämlich waren so beschaffen, daß man die Mischung zwischen Rot-Grün zu einem Gelb fixieren konnte, und als zweite Farbe konnte man dann Blau dazumischen. Für einen Farbtüchtigen ist ein solches Farbfernsehbild absolut unakzeptabel, da es ihn überhaupt nicht befriedigt. Aber auch ohne das Beispiel des verstellten Farbfernsehers habe ich versucht, meinem Freund klarzumachen, worauf er in seiner Empfindungswelt und damit auch in seinem ästhetischen Farbenbereich sein Leben lang verzichten muß. Nur mühsam ist es mir gelungen, ihm klarzumachen, daß es für ihn in seiner Farbenwelt nur zwei echte Kontraste gibt, nämlich Gelb und Blau. Ich habe ihm nur erzählen können, daß für den Normalsichtigen der Kontrast Rot und Grün in seinem ästhetischen, ja sogar seelischen Eindruck genauso groß ist wie zwischen Gelb und Blau. Das konnte er überhaupt nicht begreifen, denn der Kontrast zwischen einer roten Rose und einem grünen Blatt ist für ihn nicht größer als zwischen einem sehr kräftigen und einem sehr blassen Gelb.

An dieser Stelle begann er – da er ja selbst ein sehr intelligenter und wissenschaftlich geschulter Mensch ist – nachdenklich zu werden. Nach fast fünf Minuten Schweigen sagte er mir: «Weißt du – ich habe mich schon mein Leben lang gewundert, weshalb meine Mutter das, was ich als Tiefgelb sah, Rot nannte. Ein blasses Gelb nannte sie immer Grün. Ich habe nicht so recht eingesehen, warum man für diese verschiedenen Schattierungen von Gelb vier verschiedene Namen benutzt, nämlich Rot, Orange, Gelb und Grün. Das ist doch eigentlich alles dasselbe, nämlich verschiedene Schattierungen der Farbe Gelb. Auf der anderen Seite des Spektrums sehe ich Blau, und ich habe dann schließlich auch gelernt, ein sehr dunkles Blau mit dem Namen Violett zu belegen. Warum gibt es eigentlich nicht auch für den blauen Bereich meiner Sinnesempfindungen eine solche vierfache Unterteilung, von der im gelben Bereich so viel Aufhebens gemacht wird? Wenn ich mit meiner Mutter Erdbeeren erntete, dann ist es mir immer schwergefallen, die dunkelgelben Erdbeeren von den hellgelben Blättern zu unterscheiden. Und wenn ich mit meinem Körbchen durch den Garten ging, dann sind mir eine ganze Reihe von Erdbeeren entgangen, die meine Mutter mit einer unglaublichen Sicherheit aus dem Laub herauspflückte.»

Daran schloß sich dann für uns eine sehr fruchtbare Unterredung an über das Wesen der Farbempfindungen eines normalsichtigen und eines fehlsichtigen Menschen. Ich habe ihm erzählt – und das wußte er auch noch von seinem Physikum –, daß das menschliche Auge imstande ist, 55 000 verschiedene Farbtöne zu unterscheiden. Die sieben Regenbogenfarben sind nur eine ganz grobe Unterscheidung; die unerhört feinen Übergänge zwischen den einzelnen Farbtönen, zwischen Rot und Orange, Grün und Blau, enthalten noch weit größere Mengen von unterscheidbaren Farbempfindungen. Dazu kommen noch die innerhalb der einzelnen Farbqualitäten verschiedenen Sättigungsgrade, von ganz tief gesättigten Farbtönen bis zu immer zarteren, fast weißlich erscheinenden Tönungen. Das ist ja auch der Grund, weshalb es Tausende verschiedene Bezeichnungen von Farben gibt: lindgrün, kardinalrot, postgelb, himmelblau, blutorange, eisblau, rotviolett.

Die Modeschöpfer und die Werbeagenturen der Autofirmen erfinden jedes Jahr neue Namen für die letzten Farben der Saison. In dieser Nacht hat mein Freund Richard L. eingesehen, daß er von einer unerhört reichen Empfindungswelt ausgeschlossen ist, denn für ihn gibt es vielleicht nur 1000 verschiedene Farbtöne, und alle sind nur Abwandlungen von Gelb und Blau.

Wir haben dann noch eine Stunde darüber diskutiert, wieso es kommt, daß ein Farbuntüchtiger diesen Mangel in seinem Sehsinn normalerweise überhaupt nicht bemerkt. Da er ja keinen Wahrnehmungsbegriff hat über den Unterschied zwischen Rot und Grün, lebt er in seiner beschränkten Farbenwelt und hat sich angewöhnt, einen für ihn im dunklen Gelb erscheinenden Gegenstand Rot zu nennen und einen ihm hellgelb erscheinenden Gegenstand mit Grün zu bezeichnen. Das tut er nur deshalb, weil er das von seiner Mutter gelernt hat. Nur wenn jemand Lokomotivführer oder Pilot werden will, unterwirft man ihn einem Farbentest, und er kann dann überhaupt nicht begreifen, wieso er «anders» als die anderen Menschen sein soll und weshalb man ihn von einer solchen Karriere ausschließen muß.

Aus diesem Grunde wissen nur wenige von den 8 Prozent Männern und den 0,5 Prozent Frauen von diesem für einen Farbtüchtigen eklatanten Mangel in ihrer Empfindungswelt. Nur ein geschulter farbgestörter Wissenschaftler wie Richard L. konnte das begreifen. Und das ist der Grund, weshalb ihn dies so schockiert hat. In diesem Gespräch mit mir nämlich wurde ihm klar, worauf er in der Wahrnehmung des Reichtums der Natur sein Leben lang verzichten muß. Nachdenklich gingen wir beide nach diesem Gespräch nach Hause. Richard L. im Bewußtsein dessen, was ihm in seinem ganzen Leben entging und noch entgehen würde – ich in dem Bewußtsein von der Relativität und Subjektivität der Sinnesempfindungen. Obwohl ich es schon ahnte, so ist mir in diesem Gespräch selbst erst richtig klargeworden, wie sehr wir in der Welt unserer Sinnesempfindungen befangen, ja sogar gefangen sind. – Wenn es für das Auge schon ein so eklatantes Beispiel gibt, wie steht es da mit anderen Sinnesempfindungen? Auf der Basis dieser Überlegungen wollen wir jetzt einmal darüber nachdenken, wieweit die Qualitäten unserer Sinnesempfindungen uns überhaupt eine Möglichkeit geben, unsere Umwelt und unser eigenes Wesen zu begreifen, ja sogar intelligent zu sein. Am Beginn dieser Überlegungen sollte eine nähere Betrachtung all jener rein verbalen Ausdrücke stehen, die wir bei der Funktion unseres Intellekts benutzen. Ein Wort habe ich schon im vorangegangenen erwähnt: Ich sprach von Betrachtung. Das ist ein rein optischer Begriff, und wenn wir etwas verstehen wollen, so sprechen wir eben von Betrachtung und Einsicht. Auch die Worte «Einsicht» und «einsehen» haben einen unverkennbar optischen Charakter. Weiterhin: Wenn man etwas einsieht, so hat man es auch «begriffen». Das ist wieder ein an einen menschlichen Sinn gebundener Ausdruck. Wenn man etwas begreift, dann hat man es in die Hand genommen und mit seinem Tastsinn befühlt. Die Summen dieser sinnlichen Wahrnehmungen ergeben dann in unserer Großhirnrinde einen bestimmten Eindruck, der uns meist in sich geschlossen und widerspruchsfrei erscheint. Dann gibt es die Begriffe «erkennen» und «Erkenntnis». Was heißt denn das? Das bedeutet doch eigentlich nur, daß wir einen neuen Eindruck mit einem zuvor bereits erhaltenen sinnvoll in Beziehung setzen und ihn widerspruchsfrei neu in unserer alten Erfahrung einordnen können. Schon wieder habe ich einige sinnesphysiologische Ausdrücke benutzt. Ich sprach von einem Eindruck: Das ist doch wieder jene Empfindungsqualität, die wir erfahren, wenn uns ein neues Erlebnis beeindruckt, das heißt also, auf unsere Haut, auf unser Auge, auf unser Ohr einen bestimmten «Druck» ausübt. Dann wieder benutzte ich das Wort «erfahren». Unter «fahren» versteht man einen Wandel in Raum und Zeit mit dauernd sich ändernden Sinneseindrücken, deren Summe man eben als Erfahrung bezeichnet. Wir können uns offenbar überhaupt nicht über das Wesen der Intelligenz unterhalten, ohne daß wir immer wieder auf typische Bezeichnungen zurückgreifen müßten, die an die Qualitäten und Modalitäten unserer Sinnesorgane geknüpft sind. Besonders schön ist das Wort «wahrnehmen». Was heißt das eigentlich, wenn ich etwas wahrnehme? Das Wort besteht aus zwei Teilen. Zunächst haben wir den Teil «nehmen». Dabei denken wir wohl daran, daß wir etwas in die Hand nehmen – also auch wieder ein Sinneseindruck. Dieser freilich braucht nicht nur taktil zu sein, er kann ebenso mit den anderen Sinnesmodalitäten, die uns das Auge, das Ohr, die Nase und die Zunge vermitteln, verbunden sein. Hier ist also der Begriff «nehmen», der außerdem noch eine bewußte Aktion des Menschen beinhaltet, im übertragenen Sinne zu verstehen. Was aber bedeutet der Wortteil «wahr» in dem Begriff «wahrnehmen»? Darin steckt offenbar ein Vergleich zwischen neuen Sinneseindrücken mit alten, die wir zuvor in unserem Gedächtnis aufbewahrt haben. Wenn dieser Vergleich in sich geschlossen ist, dann sprechen wir von «Wahrnehmung», weil nämlich die neuen Sinneseindrücke mit den vergangenen übereinstimmen und dadurch in unserer Erfahrung einen Sinn ergeben.

Damit kommen wir wieder zurück zu dem wichtigen Begriff «Sinn». Es ist nicht von ungefähr, daß das Wort «Sinn» (das ist ja auch der Titel unseres Kapitels) eine sehr tiefgehende Doppelbedeutung hat. Einmal verstehen wir unter dem Begriff «Sinn» eine komplizierte Organisationsform, die in der Struktur unseres Körpers angelegt ist. Wir sprechen von einem Gesichtssinn, von einem Gehörsinn, von einem Geruchssinn, von einem Geschmackssinn und von einem Tastsinn. Das übrigens sind die klassischen fünf Sinne, über die wir noch zu reden haben. Die zweite Bedeutung des Wortes «Sinn» beinhaltet eine in sich geschlossene, in der Großhirnrinde verarbeitete Koordination all dieser Sinneseindrücke. Nur solche Sinneseindrücke, die zusammenpassen, ergeben einen Sinn. Deswegen spricht man ja auch von «sinnvoll» und «sinnlos». Diese Begriffe nun deuten schon jene Elemente an, die man benötigt, wenn man den Begriff «Intelligenz» beschreiben will.

Die Einteilung der menschlichen Sinnesorgane in die Zahl Fünf ist schon uralt. Sie stammt von dem griechischen Philosophen und Naturforscher Aristoteles. Einem solchen großen Denker ist es nicht entgangen, daß es bei den Sinnesempfindungen verschiedene Empfindungsformen gibt, die ich an dieser Stelle als Modalitäten bezeichnen möchte. Diese Bezeichnung habe ich zwar zuvor schon benutzt, möchte sie aber jetzt in einem ganz besonderen Sinn verstehen. So ist eine Gesichtsempfindung überhaupt nicht zu vergleichen mit einer Gehörempfindung. Ein von Geburt an Blinder ist gar nicht in der Lage, in seiner Großhirnrinde jene Empfindung zu empfangen und sich ihre Modalität überhaupt vorzustellen, da ihm nur die Empfindungsmodalitäten der restlichen vier Sinne zur Verfügung stehen. Umgekehrt wird sich ein von Geburt an Tauber überhaupt keinen Begriff davon machen, was es heißt, wenn man hören kann. Aristoteles hat diese bedeutenden Unterschiede in den Sinnesmodalitäten erkannt, und von ihm stammt die Einteilung der Sinneswelt des Menschen in die fünf Sinne: Gesicht, Gehör, Geschmack, Geruch und Gefühl. Damit war er durchaus auf dem richtigen Weg, obwohl er sich mit dem letzten Sinn, dem Tast- oder Gefühlssinn, die Sache denn doch etwas zu leicht gemacht hat.

Was ist überhaupt – biologisch gesehen – ein Sinn? Ganz einfach gesehen ist ein Sinn, mit dem ein Lebewesen begabt ist, eine Einrichtung, mit dem es Signale aus der Umwelt empfangen kann und entsprechend verwerten kann. Im Rahmen der Darwinschen Evolution haben Sinnesorgane alle damit begabten Lebewesen befähigt, sich in ihrer Umwelt besser behaupten zu können. Dieses Prinzip hat dazu geführt, daß sich in den höchstentwickelten Wesen Sinnesorgane entwickelt haben, die in ihrer Vielgestalt und Feinheit eine phantastische Perfektion erreicht haben. Die ersten primitivsten Lebewesen mußten sich ja, um überleben zu können, dauernd mit ihrer Umwelt auseinandersetzen. Sie benötigten Sinneseindrücke, die sie Nahrungsquellen zuführten, und sie brauchten Sinnesorgane, die sie vor Gefahren in ihrer Umwelt bewahrten. Schon aus dieser einfachen Überlegung können wir ableiten, daß es positive und negative Sinnesempfindungen geben muß. Wie aber kann sich ein biologischer Organismus eines positiven oder negativen Zustandes seiner Umwelt bewußt werden? Diese Frage führt uns schon zu der Erkenntnis, daß ein Sinnesorgan aus drei Teilen bestehen muß. Es muß ein Empfangsorgan dasein, das auf physikalische Kräfte und auf chemische Strukturen in seiner Umwelt anspricht. Sodann benötigen wir ein Übertragungssystem, das diese äußeren Reize zu einem Zentrum überträgt, in dem diese Signale empfangen und verarbeitet werden. Als nächstes brauchen wir ein System im Organismus, das dann auf diese übermittelten Reize sinnvoll reagiert – das heißt, positiven Reizen, wie etwa Futter und einer freundlichen Umwelt, zustrebt und, umgekehrt, feindlichen Reizen, die das Leben des Organismus bedrohen, ausweicht. Unter dieser einfachen Formel sind die einzelnen Sinnesorgane entstanden und haben sich nur deshalb zu der Perfektion eines Auges oder eines Ohres hochentwickeln können, weil eine jeweils bessere Entwicklung zu einer immer besseren Chance des Überlebens geführt hat. Das ist nur ein Teil der großartigen Idee, die dem klassischen Naturforscher Charles Darwin vor über einem Jahrhundert kam. Der Sinn eines Sinnesorganes besteht also darin, einem Lebewesen, von der primitivsten Alge bis zum Menschen, die Chance des Überlebens zu vergrößern. Die drei Teile, die für ein Sinnesorgan typisch sind, haben sich dabei immer mehr verfeinert. Wir beobachten in der Evolution des Lebens das Entstehen von immer raffinierteren Sinnesorganen, welche äußere Reize empfangen; auch entwickelten sich stets besser werdende Hilfsmittel, sich positiven Reizen zuzuwenden und negativen Reizen auszuweichen. Aber auch die Mittelstufe, nämlich die Verarbeitung dieser Reize und ihre Umsetzung in Reaktionen, hat eine ungeheure Entwicklung hinter sich, indem sie nämlich zu dem geführt hat, was wir Bewußtsein nennen. Über das Seinsbewußtsein der Tiere können wir wenig sagen. Die Bewußtseinsfähigkeit der Gattung *homo sapiens* jedoch ist uns allen vertraut. Unser Anspruch, die Krone der Schöpfung zu sein, beruht auf der Überzeugung, daß wir mit der Mittelstufe, nämlich dem Bewußtsein, unter allen Arten der Schöpfung an der Spitze stehen. Das ist vielleicht richtig.

Bei dieser Betrachtung über das Wesen der Sinne haben wir zunächst einmal darüber gesprochen, daß das organische Individuum Reize aus der Umwelt empfangen kann. Das setzt natürlich voraus, daß solche Reize überhaupt existieren. Worin können solche Reize bestehen? Unsere moderne Physik und Chemie geben uns die Basis dafür, die Art und den Charakter solcher Reize zu beschreiben. Beginnen wir mit der Physik. Zunächst einmal, ein Reiz besteht in der Veränderung eines Zustandes. Denn nur ein Wechsel als solcher ist bemerkbar. Nun kann sich zum Beispiel in unserer Umwelt das elektromagnetische Strahlungsfeld ändern. Dies besteht aus einem weiten Spektrum von Wellen, die sich mit Lichtgeschwindigkeit ausbreiten. Wir sind heute sicher, daß wir diese Erscheinungen in etwa erkannt und erforscht haben. Das Wellenspektrum reicht von den Radiowellen über die Kurzwellen bis zu der schmalen Oktave des sichtbaren Lichtes und geht dann weiter über die ultravioletten Strahlen und über die Röntgenstrahlen bis zu den kürzesten Wellen, den Gammastrahlen, die von den Kernen radioaktiver Elemente ausgestrahlt werden. Im Rahmen der Darwinschen Kräfte hätte die Schöpfung es durchaus für sinnvoll erachten können, den Lebewesen einen spezifischen Sinn für jede Abteilung dieses unerhört breiten Spektrums zu schenken. Die Schöpfung jedoch hat sich darauf beschränkt, die Lebewesen mit Sinnesorganen auszustatten, die nur auf einen ganz kleinen Teil dieser Naturkräfte ansprechen. Vom gesamten Spektrum dieser elektromagnetischen Wellen, welche die Umwelt im ganzen All dauernd durchsetzen, haben irdische Lebewesen nur einen Sinn für einen ganz schmalen Bereich. Für eine Wellenlänge zwischen 700 und 400 millionstel Millimeter dieser elektromagnetischen Strahlung haben wir einen Sinn, den wir Gesichtssinn nennen (siehe Abbildung auf Seite 18). Für diesen schmalen Bereich aus diesem riesigen Spektrum ist unser Auge empfindlich, das heißt, es reagiert biologisch darauf, und zwar in einer Form, die uns unmittelbar bewußt wird. Für einen viel breiteren Bereich als dieses Wellenband in Richtung auf längere Wellen hin haben wir einen Sinn in unserer Haut, der allerdings nur sekundärer Natur ist. Es sind dies die sogenannten Wärmestrahlen, die von unserer Haut absorbiert werden, diese aufheizen und uns dadurch die Gefühlsempfindung der Wärme vermitteln. Das ist der Grund, weshalb wir auch mit geschlossenen Augen feststellen können, ob uns am Strand die Sonne bescheint oder ob die Sonne von einer Wolke bedeckt ist. Für alle anderen Wellenlängen des gewaltigen Spektrums der elektromagnetischen Strahlungen haben wir keine Sinnesorgane. Wir nehmen sie überhaupt nicht wahr. So werden wir von morgens bis abends von Radiowellen und von den ultrakurzen Wellen des Fernsehens durchdrungen, ohne daß wir uns dessen innewerden. Sodann, für die ultraviolette Strahlung der Sonne haben wir auch keinen Sinn. Wir können sie mit dem Auge nicht mehr erkennen, nur unsere Haut reagiert mit einer gewissen Verzögerung darauf, indem wir nach einer Überdosis dieser Strahlung nachträglich einen Sonnenbrand bekommen. Das ist lediglich eine biochemische Reaktion auf den Empfang dieser Strahlung, die wir deshalb vielfach nicht vermeiden können, da wir gar nicht merken, daß wir während eines Aufenthaltes in der Sonne eine der Gesundheit abträgliche Dosis der Strahlung empfangen haben. Offenbar hält die Natur den Sonnenbrand für eine so nebensächliche Belästigung der Biochemie unseres Körpers, daß sie es nicht für nötig befunden hat, uns dafür ein Sinnesorgan zu geben, das uns vor einer Überdosis dieser Strahlung rechtzeitig warnt. Das ist vielleicht auch entwicklungsbiologisch zu verstehen, da der Urmensch sich immer ausreichend im Sonnenlicht aufgehalten hat, so daß ihn eine natürliche Bräunung vor den Wirkungen der ultravioletten Strahlung der Sonne, nämlich dem Sonnenbrand, immer bewahrt hat.

Die anderen Teile des elektromagnetischen Strahlungsspektrums, nämlich die Radiowellen, die Ultrakurzwellen, die Röntgenstrahlen und die Gammastrahlen, kommen in der freien Natur auf unserem Planeten praktisch überhaupt nicht vor. Das einzige, was die Erde an Radio- und Radarwellen trifft, stammt von fernen Himmelskörpern und Milchstraßensystemen, die in ihrer Energie allerdings so unvorstellbar klein sind, daß sie biologisch gar nicht wirksam sind. Dasselbe gilt für die Röntgenstrahlen, die von der Sonne ausgestrahlt werden und die völlig von der Erdatmosphäre absorbiert werden. Die einzige Quelle von Gammastrahlen – und das gilt auch für die Teilchenstrahlung der radioaktiven Elemente in der Erdkruste – ist unerhört schwach, selbst in jenen Gegenden, in denen Urangestein angereichert ist. Da diese Strahlenarten in dieser Verdünnung biologisch völlig ungefährlich sind, hat die Natur es auch als unnötig erachtet, uns dafür als Warnung Sinnesorgane zu geben.

Sinnesorgane für elektromagnetische Strahlung haben wir daher nur für jene Bereiche, die von der Sonne in Massen auf die Erde geschüttet werden. Das sind die Wärmestrahlen, die wir mit der Haut wahrnehmen, und wenn es uns in der Sonnenstrahlung zu heiß wird, dann begeben wir uns eben in den Schatten. Der überwiegende Teil der Sonnenstrahlung liegt in dem Bereich, den wir sichtbares Licht nennen. Wir nennen es sichtbar, weil uns die Natur für die Anwesenheit dieser Strahlung ein Organ gegeben hat: nämlich das Auge. Es ist nicht von ungefähr, daß die Empfindlichkeit unseres Auges für die einzelnen Wellenlängen des sichtbaren Lichtes fast genau den Helligkeitswerten entspricht, die das Sonnenlicht in den einzelnen Wellenlängen abstrahlt. In der Kurve seiner Empfindlichkeit entspricht unser Auge fast genau der Verteilung der Lichtenergie der Sonnenstrahlung.

In dieser Strahlung nun liegt eine phantastische Möglichkeit, die lebenden Individuen auf der Erde mit Informationen über ihre Umwelt zu versehen. So hat die Natur in ihrer langen Entwicklung schon seit Hunderten von Millionen von Jahren ihren Lebewesen eben solche Organe geschenkt, mit denen sie Licht und Dunkelheit – das heißt Signale über ihre Umwelt – empfangen können. Diese Organe haben sich im Laufe der Entwicklung überaus verfeinert, und zwar in doppelter Hinsicht. Zunächst einmal müssen wir uns von der Physik sagen lassen, daß jeder Gegenstand elektromagnetische Strahlen mit einer Wellenlänge, die wir als Licht bezeichnen, reflektiert, streut und beugt. Wir wissen heute, daß in diesen von den Gegenständen reflektierten, gestreuten und gebeugten Wellenfronten des Lichtes sehr feine Einzelheiten über ihre Formen und Strukturen enthalten sind. Diese Nachrichten nun nimmt ein Auge auf und verarbeitet sie in der Weise, daß Größe, Ort und Art des Gegenstandes erkannt werden können. Bei ihren höchstentwickelten Lebewesen, nämlich den Affen und Menschen, hat die Schöpfung sogar Unterscheidungsmerkmale für die verschiedenen Wellenlängen des Lichtes eingebaut, die wir Farben nennen. Wir neigen immer dazu, Tiere zu vermenschlichen, vor allem unsere nächsten Freunde, die Pferde, Katzen und Hunde. Es überrascht viele, wenn sie hören, daß diese Tiere kein Farbsehen besitzen, sondern die Welt nur in Schwarzweiß sehen. Offenbar hat es ausgereicht, daß diese Tiere auch ohne die Sinnesmodalitäten der Farbe auskamen und sich zu ihrer erstaunlichen Höhe entwickeln konnten.

So also müssen wir unseren Gesichtssinn sehen, der für uns Menschen als Gattung vielleicht der wichtigste ist. Das Sinnesorgan des Auges hat dabei eine unglaubliche Empfindlichkeit entwickelt. Nicht nur können wir winzige Details eines Gegenstandes, den wir in der Hand halten, unterscheiden; wir können auch eine Landschaft aufnehmen und geistig verarbeiten, die viele Quadratkilometer umfaßt. Nicht nur unterscheiden wir in unserem Gesichtsfeld eine überaus feine Unterteilung von Formen, nein, wir erkennen auch eine fast unübersehbare Vielfalt von Farben.

Unser Auge allein jedoch würde uns nicht viel nützen, wenn diese physikalischen Reize, verursacht durch Anregungen von Millionen von Lichtzellen unserer Netzhaut, nicht in nervöse Signale umgesetzt werden, die dann unser Gehirn erreichen. Dort werden sie in dem sogenannten optischen Zentrum unseres Gehirns aufgenommen, verarbeitet und koordiniert. Wir Menschen sind Augentiere, dadurch schon gekennzeichnet, daß der Empfangsbereich der optischen Signale in unserem Gehirn einen ziemlich großen Raum beansprucht. Dort allerdings ereignet sich etwas, was wir noch überhaupt nicht begreifen und auch nur benennen können: Wenn ein Empfangsorgan in unserer Netzhaut gereizt wird, dann entsteht das, was wir einen optischen Eindruck nennen. Dieser wird uns

dann in unserem Gehirn bewußt. Es brauchten dabei überhaupt nicht Lichtstrahlen zu sein, die diesen optischen Eindruck in unserem Gehirn verursachen. Wenn wir das Auge reiben oder wenn wir einen mechanischen Schlag auf das Auge erleiden, dann werden die Zellen der Netzhaut auch gereizt, und die allerdings völlig irregulären Signale erzeugen dann in unserem Gehirn einen optischen Eindruck. Das sind die berühmten Sterne, die wir sehen, wenn uns einer aufs Auge haut. Das faszinierende und psychologisch-physiologisch unerklärliche und unbeschreibliche Geheimnis jedoch liegt in dem, was ich die Modalität einer Sinnesempfindung genannt habe. Wie soll man beschreiben, was eine Licht- oder Farbempfindung ist? Darin liegt ein ganz spezifischer Erlebenscharakter, der nur in der Auswertung von Signalen der Netzhaut in unserem Gehirn erzeugt und zu einem ganz spezifischen Bewußtseinsinhalt wird. Den Charakter dessen, was wir eine Sehempfindung nennen, kann man nicht beschreiben. Man muß ihn erleben.
Andere physikalische Kräfte in unserer Umwelt sind mechanischer Natur. Diese machen sich bemerkbar, indem sie auf bestimmte Stellen unseres Körpers einfach drücken und dabei Verformungen hervorrufen. Um bei der typischen Natur unserer Sinnesorgane zu bleiben, wollen wir zunächst einmal solche Druckänderungen ins Auge fassen, die sich periodisch ändern. Damit sind wir beim Schall angelangt. Die Umweltmedien der Luft und des Wassers nämlich sind imstande, Erschütterungen mit einer erstaunlichen Treue fortzuleiten. Es wäre bestimmt nicht im Sinne der Darwinschen Kräfte, wenn die Natur aus dieser Erscheinung nicht ein Sinnesorgan geschaffen hätte, das auf diesen regulären Erschütterungen fußt. Daraus entstand das, was wir das Ohr und den Gehörsinn nennen. In den Spitzen seiner Evolution haben sich in diesem Sinn Feinheiten entwickelt, deren Dimensionen wir erst heute langsam begreifen. Erschütterungen in der Luft – das heißt sogenannte Schallwellen – werden durch die Einrichtung des Ohres vom äußeren Trommelfell über das Mittelohr zum inneren Trommelfell in ein feines organisches Gebilde hineingeleitet. Dort liegen viele mikroskopisch kleine Empfangsorgane, die selektiv auf diese Erschütterungen reagieren. Auch diese Empfangsorgane – Schallrezeptoren genannt – erzeugen Nervenimpulse, die dann im sogenannten Hörzentrum des Hirns anlangen. Dort werden sie aufgenommen und erzeugen das, was wir eine Schall- oder Tonempfindung nennen. Auch an dieser Stelle

wieder ist es völlig unmöglich, die Qualität oder das, was ich die Modalität der Sinnesempfindungen nenne, zu beschreiben.
Die Töne einer Geige, das Gepolter eines Donners oder das Pfeifen eines Jet-Flugzeuges kann man keinem anderen klarmachen, wenn er selbst nicht ein Ohr hat und ähnliche Erlebnisse in seinem Großhirn empfangen und verarbeitet hat. Wie beispielsweise soll man den Unterschied in der Modalität eines rosaroten Seidenstoffes und eines Flötentons beschreiben? Das sind in der Tat geheimnisvolle Erfindungen der Natur, die in ihrer Gesamtheit das ausmachen, was man Wahrnehmung und Bewußtsein nennt.
Auch der Gehörsinn hat eine gewaltige Bedeutung für jedes damit begabte Individuum, sich in seiner Umwelt zu orientieren, sie zu begreifen und darauf zu reagieren. Wir Menschen glauben, daß wir ein sehr gutes Gehör haben; und das ist auch richtig. Bei anderen Gattungen der Fauna jedoch hat die Natur das Gehör zu einem für uns unverständlichen Instrumentarium ausgebaut. So orientieren sich Fledermäuse und Delphine durch eine Art von Echolot, indem sie nämlich laufend sehr hohe kurze Schreie ausstoßen und die Reflexe dieser Schallwellen von Gegenständen in ihrer Umgebung aufnehmen und entsprechend verwerten. Das sind Sinneseindrücke, für die wir überhaupt keine Vorstellung haben; wir wissen nur, daß es sie gibt.
Jetzt kommen wir zu dem dritten und vierten Sinn des Aristoteles, dem Sinn des Geruchs und des Geschmacks. Dies sind unmittelbar chemische Sinne. Chemische Substanzen werden von Empfängern in den Nasenschleimhäuten, auf der Zunge und im Rachenraum absorbiert und senden dann das entsprechende nervöse Signal in das Gehirn. Das sind wiederum typische Sinneseindrücke, denen eine eigene Modalität zukommt. Auf dem Gebiet des Geruchs- und Geschmackssinns sind wir Menschen nicht hervorragend begabt; deshalb sprechen wir auch hier schon von den niederen Sinnen. Gewiß, wir können feststellen, daß ein Aas schlecht und daß ein Parfüm gut riecht; aber unser Unterscheidungsvermögen auf diesem Gebiet ist sehr bescheiden, wenn wir an andere Tierarten, wie etwa die Hunde oder die Rehe, denken. Diese haben ein für uns unvorstellbares Unterscheidungsvermögen und eine für uns unglaubliche Erinnerungsfähigkeit für Gerüche. Das wissen wir und können nur staunen. Hirnphysiologische Untersuchungen vieler Tierarten haben gezeigt, daß das Riechzentrum – das heißt die

Empfangszentrale für Geruchseindrücke – einen großen Raum in ihrem Gehirn einnimmt, demgegenüber das Riechzentrum im menschlichen Gehirn geradezu als verkümmert bezeichnet werden muß. Auch hier wieder versagt eigentlich unser Vorstellungsvermögen, da wir uns niemals in die Lage eines Hundes, eines Rehes oder eines Pferdes hineinversetzen können, deren Orientierung in der Umwelt, ja deren ganze Vorstellungswelt wesentlich durch den Geruchssinn bestimmt ist.

Diese Überlegungen sollen nur angesprochen werden, um zu zeigen, wie falsch es ist, Tiere etwa vermenschlichen zu wollen. Vor allem müssen wir uns darüber klar sein, daß jedes Lebewesen, rein von seinen Sinneseindrücken her, in einer völlig anderen Welt lebt.

Dem Geruchssinn außerordentlich verwandt ist der Geschmackssinn, da auch er ein unmittelbar chemischer Sinn ist. Wir haben auf unserer Zunge und dem Gaumen Empfangsorgane, die von der Anwesenheit bestimmter chemischer Substanzen Nachricht geben. So unterscheiden wir in unserem Mund die Empfindungen salzig, bitter, süß und sauer. Auch hier wieder haben wir eine positive Komponente, die darin besteht, daß uns etwas «gut schmeckt». Auch haben wir eine negative Komponente, nämlich die, daß uns Dinge so «schlecht» schmecken, daß wir sie ausspucken. Der Geschmackssinn hat eine positive Komponente, die dazu dient, die Aufnahme von gut schmeckender Nahrung mit einem positiven Erlebnis zu belohnen. Wir müssen ja essen, um zu leben. Umgekehrt sollen wir vor schädlichen, ja sogar giftigen Substanzen bewahrt werden.

Im übrigen sind eigentlich der Geruchs- und der Geschmackssinn sehr nahe miteinander verwandt und lassen sich in vielen Fällen kaum auseinanderhalten. So schmeckt ein Schluck Wein sehr gut, weil seine Duftstoffe gleichzeitig über den Nasen-Rachen-Raum unsere Riechnerven beeinflussen.

Die nahe Verwandtschaft dieser beiden Sinne läßt sich schon daran erkennen, daß die Reize der Empfangsorgane durch unmittelbare Berührung chemischer Substanzen mit den Empfangsorganen ausgelöst werden. Auch können wir die Modalitäten, das heißt den Charakter der Sinnesorgane, im Bewußtsein bei Geruchs- und Geschmacksreizen oft nicht ganz unterscheiden. Gewiß, auch sie haben spezifische Modalitäten, die sich allerdings nicht so sehr wie

die Modalität der Gehörempfindungen und der Gesichtsempfindungen untereinander unterscheiden.
Bevor ich jetzt auf den fünften und letzten Sinn im klassischen Schema des Aristoteles, nämlich auf den Tastsinn zu sprechen komme, sollten wir uns noch darüber klarwerden, daß auch der Gesichtssinn und der Gehörsinn letzten Endes chemische Sinne sind. Das ist entwicklungsgeschichtlich auch sehr gut zu verstehen, da nämlich die allerersten Lebewesen von Anfang an sehr komplexe biochemische Strukturen waren. Auch wir heute sind es noch.
Gesichtsempfindungen kommen dadurch zustande, daß die Netzhaut durch den Einfall von Lichtwellen gereizt wird. Die Netzhaut ist ein unerhört feines Gebilde, in dem Millionen von winzigen zapfen- und stäbchenförmigen Empfängern enthalten sind. In diesen befindet sich eine lichtempfindliche Substanz, die durch die Absorption eines Lichtstrahls in ihrer chemischen Struktur geändert wird. Das ist der berühmte Sehpurpur, so genannt, da er unter dem Mikroskop eine violette Färbung zeigt. Der Sehpurpur ist ein sehr kompliziert gebautes Molekül, das so empfindlich ist wie ein Kartenhaus. Wenn ein solches Molekül die Energien eines Lichtstrahles aufnimmt, dann bricht es an bestimmten Stellen zusammen und erzeugt dabei einen kleinen Stoß elektrischer Energie. Dieser winzige elektrische Stoß wird dann von den Nerven in das Gehirn geleitet, wobei diese Nervenleitung ähnlich funktioniert wie das Abbrennen einer Zündschnur. Die Vergleiche mit einem Kartenhaus und einer Zündschnur lassen vermuten, daß so etwas nur einmal erfolgen könne. Die Biochemie der Sinnesorgane und der Nerven jedoch sorgt dafür, daß in kürzester Zeit, nämlich schon binnen einer zwanzigstel oder sogar fünfzigstel Sekunde, das Kartenhaus und die Zündschnur wieder neu aufgebaut werden, so daß sie zur Aufnahme und Weiterleitung des nächsten Reizes bereit sind. Dazu freilich bedarf es eines stetigen Vorrats von Steuersubstanzen in den Sehzellen und in den Nervenzellen, den für den nächsten Reiz bereiten Zustand wiederherzustellen. So wissen wir zum Beispiel, daß für die jeweilige schnelle Bereitstellung von Sehpurpur in der Netzhaut – das heißt für den Wiederaufbau des nächsten Kartenhauses – das Vitamin A erforderlich ist. Bei den Ernährungsschwierigkeiten des letzten Krieges haben viele Menschen zu wenig Vitamin A mit ihrer Nahrung aufgenommen, und in jener Zeit gab es bei vielen typische Störungen des Nachtsehens.

Aus diesem Grunde hat man damals Piloten von Nachtjagdflugzeugen so ernährt, daß sie möglichst viel dieses für die Sehvorgänge wichtigen Vitamins aufnahmen. Die Schilderung dieser Verhältnisse gehört hierher, um deutlich zu machen, daß auch der Gesichtssinn auf dem Umweg über die lichtempfindlichen Substanzen in den Sehzellen letzten Endes ein chemischer Sinn ist, genauso wie der Geruch und der Geschmack.

Wie aber steht es mit dem Gehör? Wir können uns die Umsetzung der rein mechanischen Schwingungen der Schallwellen in einen chemischen Reiz im inneren Ohr an einem vielleicht groben Beispiel klarmachen. Die Zündvorrichtung der alten Seeminen, die bei Berührung durch einen Schiffskörper explodieren sollen, sind im Prinzip ähnlich gebaut. Der kugelige Körper der Mine war allseitig mit vielleicht zwanzig dünnen Zapfen besetzt, deren Hülle aus dem leicht biegsamen Metall Blei bestand. Im Innern dieser Nasen befand sich ein kleines Glasröhrchen, das mit einer Säure gefüllt war. Wenn nun ein Schiff eine Mine berührte, dann verbog sich diese Bleiröhre, und das kleine Glasröhrchen im Innern zerbrach. Die Säure hat dann auf chemischem Wege die Mine zur Explosion gebracht. Die Empfangsorgane im Innern des Ohres bestehen aus einer großen Zahl von winzigen Härchen, die von den Schallwellen je nach ihrer Frequenz und damit auch Tonhöhe spezifisch in Bewegung gesetzt werden. Wenn nun ein solches steif stehendes Härchen verbogen wird, dann entsteht eine Spannung im Gewebe, in dem das Härchen verankert ist, genauso, wie beim groben Zündungsmechanismus einer Seemine eine Verbiegung eine chemische Reaktion auslöst. So reagieren die in ihrer Form verzerrten Stützzellen mit einer chemischen Reaktion. Dies wirkt dann auf die Nervenenden, die dann ein winziges elektrisches Signal längs der Zündschnur der Nervenfaser ans Gehirn leiten. In diesem Sinne also ist auch das Ohr in seiner eigentlichen Funktion ein chemischer Sinn. Da Lebewesen grundsätzlich biochemische Strukturen sind, gibt es also letzten Endes nur chemische Sinne.

Jetzt endlich also zum Tastsinn. Wenn man mit der Hand über den Stoppelbart fährt oder auch nur über das Haar streicht oder wenn man leise die Haut der Arme oder der Beine streichelt, dann werden in jedem Fall in der Haut verankerte Haare verbogen. Dadurch entstehen Spannungsänderungen im Gewebe, in dem die Haare verankert sind. Genauso wie bei den Zündeinrichtungen einer Mine und auch wie im inneren Ohr erzeugen diese Spannungsänderungen chemische Veränderungen an den Nervenenden. Winzige Stromstöße werden erzeugt, die wiederum durch Nervenfasern ans Gehirn geleitet werden und dort zum Bewußtsein bringen, daß man unsere Haut berührt hat. So haben wir in unserer Haut eine sehr große Zahl von solchen Tastempfängern, die sofort chemisch darauf reagieren, wenn man sie verformt, das heißt, wenn man sie berührt. Die gesamte Oberfläche unserer Haut ist demnach ein gewaltiges System von Sinnesorganen, wobei sich die Zahl dieser Tastempfänger an der Hautoberfläche verschiedener Körperteile in ihrer Dichte sehr stark unterscheidet. Im Rücken und am Gesäß sind sie recht lose verteilt, so daß man den Ort, an dem man mit einer Nadelspitze berührt wird, an vielen Stellen nicht so genau lokalisieren kann. Am dichtesten sind sie bei uns an den Fingerspitzen und an den Lippen. Das ist der Grund, weshalb wir einen Gegenstand, den wir mit unserem Tastsinn erforschen wollen, bevorzugt mit den Fingerspitzen anfassen und explorieren. Die große Dichte der Tastempfänger an den Lippen und an der Zunge können wir noch daran erkennen, daß Babies in der Phase ihrer Exploration jeden Gegenstand automatisch in den Mund nehmen. – Das ist der klassische Tastsinn, den Aristoteles als den fünften Sinn bezeichnet hatte. Zuvor jedoch habe ich schon gesagt, daß er sich damit die Sache leicht gemacht hat. Daß der Tastsinn sehr viel variantenreicher ist als das, was wir mit den Fingerspitzen und Lippen erfühlen können, habe ich schon angedeutet, als ich den Tastsinn auch als den Gefühlssinn bezeichnet habe.

Die moderne Sinnesphysiologie hat uns gezeigt, daß wir außer dem klassischen Tastsinn noch eine sehr große Zahl von anderen Sinnen haben, die uns im einzelnen ganz spezifische und nur mehr oder minder eng verwandte Sinnesmodalitäten vermitteln. So ist die Sinnesphysiologie heute noch nicht einmal imstande zu entscheiden, wie viele Sinne wir überhaupt haben. Die ganze Gruppe dieser Sinne kann man als «Gefühlssinne» bezeichnen, obwohl natürlich auch die klassischen höheren Sinne, wie das Auge und das Ohr, letzten Endes Gefühle, das heißt Empfindungen vermitteln. Diese Aussage wird vielleicht klar, wenn ich spezifische Beispiele bringe.

So haben wir zum Beispiel einen Temperatursinn, der sich ganz deutlich von dem klassischen Tastsinn des Aristoteles unterscheidet. In unserer Haut gibt es winzige Empfangsorgane, die uns einen

Reiz vermitteln, wenn sie abgekühlt oder wenn sie erwärmt werden. Dieser Temperatursinn ist zwar primär in der äußeren Haut konzentriert, aber auch die inneren Organe sind damit – wenn auch nicht so fein lokalisiert – ausgestattet. Wir können uns an einer zu heißen Tasse Kaffee den Mund verbrennen, oder wir fühlen auch ganz deutlich, wenn ein eiskalter Schluck Bier die Speiseröhre hinuntergleitet. Dieser Temperatursinn entspricht zwar in seiner Genauigkeit nicht einem Thermometer – er ist eigentlich mehr ein Temperaturandeuter. Dennoch können wir mit Übung diesen Temperatursinn zu einer erstaunlichen Genauigkeit heranzüchten. Jeder, der einen Swimming-pool besitzt, hat gelernt, durch Eintauchen der Hand in das Wasser mit ziemlicher Genauigkeit abzuschätzen, wie warm das Wasser ist. Der Temperatursinn hat natürlich unter anderem die Aufgabe, Teile des Körpers oder ihn als Ganzes vor schädlichen Extremen der Temperatur zu bewahren. Wenn unser Temperatursinn anzeigt, daß wir uns einer gefährlichen Grenze der Auskühlung nähern, dann werden die Signale dieses Kältezustandes so stark, daß wir Abhilfe schaffen. Auch wenn es uns zu heiß wird, versuchen wir, diesen Zustand zu beseitigen.

Sodann haben wir einen Kraftsinn, der bevorzugt in den Muskeln und in den Sehnen angesiedelt ist. Dieser Kraftsinn mißt die Spannung, die in unseren Muskeln herrscht. Aus diesem Grunde ist eine Mutter überhaupt in der Lage, ihr Kind aufzuheben. Wenn sie es mit ihren Händen unter den Armen ergreift und hochheben will, dann beginnen sich ihre Muskeln zu spannen. Je nach Alter und Gewicht des Kindes benötigt sie hierzu eine bestimmte Kraft. Die Rezeptoren des Kraftsinns in ihren Muskeln geben ihr dabei eine sehr diffizile Nachricht darüber, wie stark sie die Muskeln anspannen muß, um das Kind hochzuheben. In unseren Fingern ist dieser Kraftsinn zu einer besonders hohen Leistungsfähigkeit entwickelt. Zusammen mit dem Tastsinn ermöglicht es uns der Kraftsinn, ein zerbrechliches Glasplättchen zu hantieren oder auch einen dicken Eisennagel zu verbiegen. In jedem Falle sind diese beiden Sinne miteinander koordiniert. Das freilich muß man lernen, und es dauert Jahre, bis diese Koordination stimmt. Kinder, die in der Auswertung dieser Sinnesempfindungen noch nicht die ausreichende Erfahrung haben, pflegen daher mehr Dinge mit ihren Händen zu zerbrechen als Erwachsene.

Der Kraftsinn ermöglicht es uns auch, uns im Schwerefeld der Erde zu bewegen. Immer werden die Muskeln der Beine und des Körpers mit den erforderlichen Nachrichten versehen, wie stark man seine Muskeln anspannen muß, um eine genau bemessene Kraft aufzuwenden. Der Akt des Aufstehens von einem Stuhl ist ein überaus kompliziertes Zusammenspiel der Meldungen dieses Kraftsinnes von den Muskeln und der Verarbeitung dieser Signale durch das Gehirn. Dabei werden den Muskeln immer genau die richtigen Befehle erteilt, damit wir uns von dem Stuhl erheben können. Diese Vorgänge und deren Verarbeitung im Gehirn jedoch laufen fast völlig unbewußt und automatisch ab. Es würde unser Bewußtsein überaus belasten, wenn der Kraftsinn sich mit seinen dauernden Anforderungen immerzu bemerkbar machen würde. Deshalb sprechen wir ja von den niederen Sinnen, was wir überhaupt nicht abwertend sehen dürfen.

Ein weiterer, unerhört wichtiger Sinn ist der Gleichgewichtssinn. Dafür haben wir im inneren Ohr zwei besonders ausgeprägte Empfangsorgane, die uns Auskunft darüber geben, ob wir geradlinig bewegt oder gedreht werden. Auch der Gleichgewichtssinn ist uns meist völlig unbewußt und funktioniert wie ein hervorragend konstruierter Computer. Nur in Ausnahmefällen werden wir uns dieses Gleichgewichtssinnes bewußt, wenn wir uns schnell im Kreise drehen und dann plötzlich stillstehen. Das ist ein Spiel, das wir als Kinder oft gemacht haben. Die Störung des Gleichgewichtsorganes nach dem schnellen Stopp einer Pirouette erzeugte eine Desorientierung und in diesem Falle sogar einen gewissen Spaß, weil wir uns dieses Gleichgewichtssinnes normalerweise überhaupt nicht bewußt sind. Sodann haben wir den sogenannten Stellsinn. Die Empfangsorgane für den sogenannten Stellsinn liegen in den Sehnen der Gliedmaßen und messen die Spannung dieses Bindegewebes. Auch mit geschlossenen Augen sind wir uns bewußt, ob unsere Arme gebeugt oder gestreckt sind, ob wir die Hand zur Faust geballt haben oder nicht. Auch das ist ein eigener Sinn. Nur ein unerhört kompliziertes Zusammenspiel dieser Meldungen, die von jeder Muskelfaser und von jeder Sehne, die von jedem Hautteil und von jeder Knochenspannung in Milliarden Zahlen in jeder Sekunde im Gehirn ankommen, ermöglicht es uns, so eine einfache Aktion wie einen Spaziergang auszuführen.

Außerdem haben wir einen Hunger- und einen Durstsinn. Die Gesamtheit der Empfindungen, die bei mangelnder Nahrung oder bei Mangel an Flüssigkeit auftreten, haben auch ihre eigene Modalität. Es gibt eine typische Hunger- und Durstempfindung, die im Extremfall sehr wirkungsvoll ist. Das bringt mich zu einem der wichtigsten Sinne unseres Körpers, dem Schmerzsinn.

Alle unsere Sinnesorgane geben ja Signale an das Gehirn ab. Sowie die Heftigkeit dieser Signale ein bestimmtes Maß überschreitet, so tritt eine völlig neue Empfindungsmodalität auf, die wir als Schmerz bezeichnen. Während die meisten Sinnesempfindungen, wenn sie unser Gehirn im Maß erreichen, angenehm sind, ist die Sinnesempfindung «Schmerz» betont und auch unerträglich negativ. Der biologische Sinn des Schmerzsinnes liegt auf der Hand. Wenn ein Kind die ersten Erfahrungen über seine Umwelt sammelt, dann verbrennt es sich gelegentlich seine Finger an der Heizplatte. Eine Temperatur von über 60 Grad Celsius zerstört die feine Biologie des Gewebes. Das muß verhindert werden. Deshalb tut es weh, wenn man sich verbrennt. Die Funktion der Schmerzempfindung führt beim Kind automatisch zu einer ruckartigen Entfernung des Fingers von der für das Gewebe zerstörerischen Wärmequelle. Warum auch schmerzt ein gebrochener Knochen so sehr? Ein gebrochener Knochen hat die Fähigkeit, sich im Verlaufe von einiger Zeit selbst wieder zu reparieren. Die Hauptbedingung dafür jedoch ist, daß man die Bruchstellen gegeneinander nicht bewegt. Der Schmerz sorgt dann dafür, daß das Individuum das gebrochene Glied möglichst still hält, damit der Heilungsprozeß vonstatten gehen kann. Der Schmerz ist daher eine überaus wichtige Schutzeinrichtung zur Erhaltung des Individuums. Es gibt pathologische Zustände beim Menschen – wie etwa bei Leprakranken –, bei denen der Schmerz ausgeschaltet ist. Diese Menschen verstümmeln sich selbst, da kein eindrucksvolles Signal sie daran hindert, weiter in ihren Finger hineinzuschneiden oder ihn abzuquetschen. Ohne den Schmerz wären wir alle Krüppel. Auch kann man darüber nachdenken, weshalb Geburten mit so heftigen Schmerzen verbunden sind. Das hat ebenfalls einen biologischen Sinn. Wenn nämlich ein unvernünftiges Tier, wie etwa eine Giraffe oder eine Stute, sein Kind bekommt, dann würde es den Ausstoß des Nachkömmlings vielleicht gar nicht so recht unterscheiden von dem Akt der Abgabe von Ausscheidungen wie Urin und Kot. Durch den Geburtsschmerz wird das Muttertier eindringlichst daran erinnert, daß es sich hier um einen völlig anderen Vorgang handelt, dem es tunlichst die gebührende Aufmerksamkeit zu widmen hat. Der Schmerz zwingt das Muttertier dann in eine gewisse Ruhestellung und Einsamkeit, so daß der Geburtsvorgang möglichst ohne größere Störungen ablaufen kann.

Auch als Darwinsche Kraft im Evolutionsprozeß hat der Schmerz eine große Bedeutung. Ein krankes Tier soll sich nach den knallharten Regeln der Evolution am besten nicht vermehren, damit sich seine Krankheit nicht vererbt. Der überwältigende Schmerz hindert dann das Tier daran, sich etwa zu paaren, denn nur im gesunden, das heißt schmerzfreien Zustand ist ein jedes Wesen zur Paarung bereit.

Eines allerdings möchte ich an dieser Stelle nicht übergehen. Das Ausleseprinzip der Darwinschen Kräfte im Hinblick auf den Schmerz hat auch biologischen Unsinn hervorgebracht. So ist es zum Beispiel völlig unnötig, daß ein schwer Krebskranker unter so großen Schmerzen sterben muß. Es dreht sich dabei meist um ältere Menschen, die ohnehin keine Kinder mehr bekommen und nicht an der Fortpflanzung gehindert werden müßten. Auch bräuchte einer Menschenmutter der Geburtsvorgang nicht so große Schmerzen zu bereiten. Etwas weniger Schmerzen würden auch ausreichen, um ihr klarzumachen, daß es sich hier um einen biologisch wichtigen Vorgang handelt, den sie ernst zu nehmen hat. Auch ist es biologisch sinnlos, daß eine vereiterte Zahnwurzel tagelang so weh tut. Im Gegensatz zu den Schmerzen an einem heilenden Knochen ist ein Zahn durch eine Schonung in seinem Gebrauch doch nicht mehr zu retten. Gerade was den Schmerz betrifft, so ist die Natur in einigen Fällen über das Ziel hinausgeschossen. Es gibt eine große Zahl von biologischen Situationen für ein Lebewesen, in denen die quälende Intensität des Schmerzsinns unnötig ist. Diese deutliche Fehlleistung der Evolution ist ja auch der Gegenstand vieler philosophischer und religiöser Betrachtungen, bei denen von Blut, Schmerz und Tränen die Rede ist, deren Sinn das Individuum oft nicht begreift.

An dieser Stelle möchte ich noch einmal auf den Geburtsschmerz zurückkommen, da er uns die Möglichkeit gibt, die Wirkung der Darwinschen Kräfte gut darzustellen. Anatomen und Physiologen sind sich darüber einig, daß die besonders großen Geburtsschwierigkeiten, die beim Menschen bestehen, mit dem aufrechten Gang zusammenhängen. Als die Gattung Mensch in ihrer Entwicklung dazu überging, sich von allen vieren zu erheben, hat sie sich in mehr als einem Sinne aufgerichtet. Die Arme und die Hände wurden von der Aufgabe der reinen Fortbewegung befreit und verfügbar zur Hantierung und Fertigung von Werkzeugen. Dabei allerdings mußte sich das Becken völlig umgestalten, und diese anatomischen Änderungen führten zu einer Erschwerung der Geburt. Im Laufe der Menschwerdung haben diese Umgestaltungen vielleicht eine Million, vielleicht sogar zwei Millionen Jahre erfordert. Die Frauen müssen heute noch durch besonders erschwerte Geburten dafür bezahlen.

Wenn der Menschheit vielleicht noch weitere 500000 oder eine Million Jahre für ihre Fortentwicklung zur Verfügung stehen, so werden die Darwinschen Kräfte hier für eine Änderung sorgen. Der Mensch ist vermutlich das einzige Wesen, das den biologischen Zusammenhang zwischen Paarung und Zeugung und zwischen Schwangerschaft und Geburt begreift. Wenn daher eine Frau zu besonders schweren Geburten neigt, so ist es bei ihr recht wahrscheinlich, daß sie sagt: «Mit mir nicht wieder.» Umgekehrt gibt es Frauen, denen Geburten leichter fallen. Diese werden daher vor einer zweiten, dritten oder vierten Geburt nicht so sehr zurückschrecken. Die Neigung zu leichten Geburten wird dabei häufiger vererbt als die Neigung zu schwereren Geburten. Deshalb kann man damit rechnen, daß Geburten in der Zukunft leichter werden und daß die Menschheit sich an den stammesgeschichtlich erst kürzlich erworbenen aufrechten Gang immer besser anpassen wird. Dieses Beispiel kann uns helfen, die biologische Wirksamkeit dessen, was man Auslese nennt, besser zu verstehen.

Zuvor schon hatten wir von den höheren und von den niederen Sinnen gesprochen, wobei wir Auge und Ohr zu den ersteren, Geruchs-, Geschmacks- und Tastsinn zu den letzteren rechnen. Wir haben gesehen, daß in der Raffinesse der Struktur die niederen Sinne den höheren überhaupt nicht nachstehen. Dennoch empfinden wir einen deutlichen Unterschied zwischen den höheren und niederen Sinnen. Der zuvor schon erwähnte Physiologe Professor Hubertus Strughold hat diesen Unterschied mit einer sehr bedeutenden Einsicht in das Wesen der Sinnesorgane beschrieben. Er spricht davon, daß die einzelnen Sinnesorgane in verschieden hohem Maße «entkörperlicht» sind. Er hat dafür natürlich einen wissenschaftlichen Ausdruck geprägt; er spricht – unter Benutzung des griechischen Wortes soma = Körper – von mehr oder minder entsomatisierten

Sinnen. Wie ist dieser sauber überlegte Unterschied zu verstehen? Beginnen wir einmal mit dem Sinn, der am meisten entsomatisiert ist, nämlich mit dem Auge. Nach diesen Überlegungen ist es so, daß wir unsere Umwelt mit dem Auge optisch wahrnehmen und während unseres Wachseins laufend optische Signale empfangen. Dabei sind wir uns jedoch fast niemals bewußt, daß es unsere Augen sind, mit denen wir sehen. Die Gegenstände in unserer Umwelt – die Landschaft, Bäume, Häuser, Wolken, Himmel, andere Menschen – empfinden wir als objektiv im Raume anwesend. Die optischen Sinnesempfindungen werden dabei in unserem Bewußtsein in den näheren und ferneren Raum unserer Umwelt hineinprojiziert, und wir haben die Empfindung, daß sich diese Gegenstände an den von uns gesehenen Orten wirklich befinden. Wenn wir uns in der Welt umsehen, merken wir dabei überhaupt nicht, daß hier unser Auge als Sinnesapparat dauernd am Werke ist. Wir empfinden die Sinneseindrücke nicht auf der Netzhaut, sondern im übertragenen Sinne nur in unserem Bewußtsein. Erst blendende Helligkeit, die unser Auge trifft, veranlaßt uns, die Augen mit der Hand zu schützen, und erst dann werden wir uns dessen bewußt, daß nicht wir, sondern unsere Augen sehen. Oder, wenn uns ein Stäubchen ins Auge fliegt, sind wir gelegentlich sehbehindert, und dann wird uns klar, daß wir mit den Augen sehen. Bei normaler Funktion jedoch ist der Sehvorgang so sehr entpersönlicht, entsomatisiert, daß das in unserem Sprachgebrauch zum Ausdruck kommt. Wir sagen: «Ich sehe dich», und nur spaßeshalber sagt man gelegentlich: «Was sieht mein erstauntes Auge?»
Um diese feine Differenzierung zwischen unseren Sinnesorganen richtig zu kennzeichnen, soll jetzt schon ein Sinn angesprochen werden, der am meisten verkörperlicht ist, nämlich der Schmerzsinn. Wenn wir einen Schmerz empfinden, so gibt es überhaupt keinen Zweifel darüber, an welcher Stelle unseres Körpers dieser Schmerz lokalisiert ist. Deswegen sagen wir ja auch nicht: «Ich tue weh», sondern wir sagen: «Mein Zahn oder mein Hühnerauge tut weh.» Deshalb ist diese Sinnesempfindung völlig und im ganzen Umfang auf unseren Körper konzentriert. Der Schmerzsinn ist in ganz geringem Umfang entsomatisiert, das heißt von unserem Körper unabhängig. Gewiß, wir sagen einem Kind: «Eine heiße Herdplatte tut weh.» Aber sie tut nicht weh in dem Sinne, wie sie als optischer Gegenstand objektiv im Raume existiert. Sie tut nur dann

weh, wenn wir sie berühren, und sie tut dann nur weh an einem bestimmten Finger, mit dem wir sie anfassen. Betrachten wir einmal den Temperatursinn unter diesem Gesichtspunkt. Wenn wir in den Tropen oder am Nordpol ins Freie treten, so sagen wir wohl: «Es ist aber sehr heiß», oder: «Es ist kalt.» Das ist eine Eigenschaft, die wir der Umwelt zuschreiben. Richtig aber können wir Wärme und Kälte nur unmittelbar mit unserem Körper und zumeist sogar auch lokalisiert empfinden. Deswegen sagen wir: «Ich habe kalte Hände.»

Das Ohr steht im Grade seiner Entsomatisierung dem Auge nur wenig nach. Wenn wir hören, dann projizieren wir die Schallquelle sofort in unsere Umwelt hinein, und wir sind uns auch nicht ganz dessen bewußt, daß es unser Ohr ist, das uns die Gehörempfindungen vermittelt. Es wäre ja auch sehr störend, wenn wir uns dauernd dessen bewußt wären, daß wir mit den Augen sehen und mit den Ohren hören. Nur durch diese Eigenschaft der Entsomatisierung dieser beiden höchsten Sinnesorgane gelingt es uns, die Objektivität unserer Umwelt aufzunehmen und zu begreifen. Der Geruchs- und der Geschmackssinn stehen etwa in der Mitte. Diese beiden Sinnesempfindungen können wir nicht haben ohne das deutliche Bewußtsein, daß wir mit der Nase riechen und – vielleicht noch mehr – mit der Zunge schmecken. Diese Sinneseindrücke werden in wesentlich geringerem Umfang auf die Umwelt übertragen.

Der Tastsinn, der Kraftsinn, der Stellsinn und der Gleichgewichtssinn müssen somatisiert sein, da sie weniger die Aufgabe haben, uns Signale über die Umwelt zu vermitteln, sondern uns laufend über die Zustände in unserem Körper zu informieren. Daß der Schmerzsinn zu dieser Gruppe der hoch somatisierten Sinne gehört, haben wir ja schon besprochen.

Sinnesorgane, die von ihnen aufgenommenen Reize, ihre Fortleitung in das Bewußtsein durch das zentrale Nervensystem sind völlig in sich geschlossene Systeme. Sie liegen innerhalb des Körpers eines Individuums und sind von einem zum anderen Individuum grundsätzlich unübertragbar. Man muß sich das wirklich einmal durch den Kopf gehen lassen, um einzusehen, daß jedes Tier und jeder Mensch ein in sich völlig geschlossenes Universum darstellt. Mit unseren Sinneseindrücken sind wir wirklich allein. Daß jeder in einer absolut anderen Welt lebt, haben wir ja zu Anfang gesehen. Nur um diesen wichtigen Punkt herauszuarbeiten, habe ich die

Story über die Farbenblindheit meines Freundes Richard L. so ausführlich geschildert. Wir haben uns zwar geeinigt über die Tatsache, daß er die Farbigkeit der Welt anders empfindet als ich. Auch über den Unterschied dieser Qualität in der optischen Wahrnehmung der Umwelt konnten wir noch reden. Zu einem wirklichen, echten Verständnis jedoch kam es nicht. Die sinnlichen Grenzen, die zwischen dem Universum seiner Individualität und Erfahrung und meiner Person aufgerichtet sind, konnten wir nicht durchbrechen. Wir alle leben in einem Käfig unserer eigenen Empfindungen.

Trotz allem gibt es eine Verständigung zwischen Menschen und – wie wir ja auch wissen – zwischen Tieren. Nur weil es eine solche Verständigung gibt, können wir den Schluß ziehen, daß Qualität und Modalität der Sinnesempfindungen von einem zum anderen Individuum zumindest vergleichbar sind. Wir müssen uns freilich darüber im klaren sein, daß dieser Schluß naiv ist. Viele Mißverständnisse zwischen Menschen beruhen auf der Tatsache, daß man die Gleichartigkeit der Sinnesempfindungen bei den einzelnen Individuen als selbstverständlich voraussetzt. Freilich haben wir Menschen vor allem durch die Sprache ein Verständigungsmittel geschaffen, mit dem wir uns über Urteile einigen können. Wenn meine Frau und ich zusammen eine Rose betrachten, so können wir uns sehr schnell darüber einigen, daß diese Rose rot und nicht gelb ist.

Ein unvoreingenommener Mensch würde daraus den Schluß ziehen, daß die Sinnesmodalität der Farbe dieser Rose im Bewußtseinszentrum meiner Frau genauso beschaffen ist wie in meinem Bewußtseinszentrum. Das ist jedoch überhaupt nicht bewiesen. Es könnte durchaus sein, daß sie von der Farbe Rot der Rose einen völlig anderen Eindruck hat als ich. Nur haben wir beide gelernt, diesen von der Rose übermittelten Farbeindruck mit der Bezeichnung «Rot» zu versehen. Wir können uns also über die Farbe der Rose durchaus einig sein, ohne daß die Sinnesmodalitäten dieses Farbreizes im Gehirn meiner Frau und in meinem eigenen Gehirn sich auch nur in etwa gleichen.

Die Annahme, daß die Empfindungen beim Anblick einer roten Rose bei meiner Frau und bei mir sich in etwa gleichen, ist dennoch vermutlich richtig. Beweisen können wir es jedoch nie. Die Berechtigung für einen solchen Schluß aber können wir vielleicht daraus ableiten, daß die Schöpfung immer darauf bedacht war, Individuen zu schaffen, die sich in ihrem Wesen und ihrer Struktur sehr nahe entsprechen. So gibt es Milchstraßen und Sterne, Planeten und Monde, Palmen und Farne, Fliegen, Krebse und Menschen. Von allen gibt es sehr viele, aber innerhalb einer Gruppe entsprechen sie einander in hohem Grade. Ich will hier keine kleinliche Sophisterei betreiben, wenn ich sage, daß die Sinnesempfindung einer roten Rose im Bewußtsein meiner Frau dieselbe Modalität hat wie in meinem Bewußtsein. Ich möchte nur sagen, daß diese Behauptung letztlich unbeweisbar ist.

Es ist sinnvoll anzunehmen, daß die Sinneseindrücke der am meisten entsomatisierten Organe, wie des Auges und des Ohres, bei der überwiegenden Mehrzahl der Menschen wohl gleich sind. Sonst gäbe es überhaupt keine Gemeinschaft zwischen Individuen. Man kann ja nur Erfahrungen austauschen, miteinander vergleichen oder auch in Gegensatz stellen, wenn sie Identität besitzen oder völlig anders sind. Dabei kann es durchaus erhebliche Variationen geben, ohne daß ein Verständnis unmöglich wird. Das hat mir das Gespräch mit meinem farbenblinden Freund gezeigt.

Diese Übereinstimmungen sind wohl am größten bei den am meisten entsomatisierten Sinnen des Auges und des Ohres. Optische und akustische Eindrücke kann man am besten beschreiben. Ja, es ist sogar so, daß diese verschiedenen Sinnesmodalitäten als Verständigungsmittel zwischen den Menschen in der Form künstlerischer Darstellung ihren Niederschlag gefunden haben. So haben wir eine Malerei und eine Skulptur, eine Architektur und eine Mode. Das sind optisch wirksame Darstellungsformen, die wohl nur deshalb universell wirken, weil die Sinnesmodalitäten der Optik im Bewußtsein der meisten Menschen einander entsprechen. Nur deshalb haben wir auch eine Tonkunst, von der Rhythmik einer Eingeborenentrommel bis zur Beethovenschen Symphonie – auch wiederum wohl nur, weil akustische Eindrücke und Empfindungsmodalitäten zwischen den einzelnen Menschen einander in etwa entsprechen.

Bei den mehr somatisierten Sinnen sieht es schon anders aus. Gewiß, man hat versucht, in Kinos entsprechende Gerüche abzublasen; in Science-fiction-Romanen lesen wir von künstlerischen Schöpfungen, bei denen das Publikum in einem Theater taktil gereizt wird. Aus solchen Dingen ist eigentlich nie etwas geworden. Am ehesten besteht noch eine Kommunikation über den Geschmackssinn, wenn eine Gesellschaft sich zum Genuß einer Speise, von einem hervorragenden Küchenchef zubereitet, zusammenfindet und die gleiche Empfindung miteinander teilt. Aus diesem Grunde ist der Begriff Kochkunst gar kein so schlechtes Wort. Sonst jedoch sind die somatisierten Sinne für einen jeden Menschen zwangsweise eine absolute Privatangelegenheit.

Es gehört einfach zum Wesen der Individualität, daß die Behauptung «ich empfinde anders als du» unwiderlegbar ist. Dazu müßte man zwischen zwei Menschen eine Nervenverbindung herstellen können, mit einem Stecker, der vermutlich mehr als eine Milliarde Kontakte haben müßte. Diesen Stecker müßte ich an einer zentralen Stelle meines Nervensystems anschließen können, um dann diese Signale in das Gehirn meiner Frau zu leiten. Nur dann wäre sie imstande zu beurteilen, wie rot ich die Rose sehe, daß es mich am Knie juckt und daß ich Kopfschmerzen habe. Da dies nicht möglich ist, kann ich meiner Frau lediglich mitteilen, daß ich etwa Zahnschmerzen habe. Wie stark diese Schmerzen jedoch sind, kann ich ihr niemals übermitteln. Das ist auch der Grund, weshalb ich zuvor von dem seltenen Fall jenes amerikanischen Mannes erzählte, der ein farbentüchtiges und ein rotgrünblindes Auge besaß. Hier war dieser gedachte Nervenstecker verwirklicht; zwei völlig verschieden arbeitende Sinnesorgane waren an dasselbe Gehirn und damit an dasselbe Bewußtseinszentrum gekoppelt. Nur jener Mann kann wissen, was es heißt, rotgrünblind zu sein. Jeder Mensch ist eben mit seiner Empfindungswelt völlig allein.

Nun habe ich der Beschreibung des Wesens unserer Sinnesorgane und ihrer Verarbeitung in unserem Bewußtsein schon mehr als die Hälfte des Buches, das ich schreiben wollte, gewidmet. Diese eingehende Betrachtung jedoch schien mir nötig zum Verständnis dessen, was nun folgt. Der Untertitel lautet ja: *Die Grenzen der menschlichen Vorstellungskraft über die Dimensionen von Raum und Zeit.* Ich möchte den Versuch machen zu überlegen, inwieweit wir als Gefangene unserer Sinnesorgane imstande sind, Wesen und Sinn der Schöpfung überhaupt zu begreifen. Unsere Denkvorgänge, ja sogar den Ursprung der menschlichen Intelligenz müssen wir in einer immer raffinierter gewordenen Auswertung von Sinneseindrücken in unserem Zentralnervensystem sehen. Unsere Erkenntnis- und Begriffsfähigkeit fußt daher auf Sinneseindrücken. Die Schöpfung ist ihrem Wesen nach ja in drei Kategorien zu begreifen – Materie, Raum und Zeit. Wir selbst bestehen in unserer Körperlich-

keit aus Materie, beanspruchen einen gewissen Raum und existieren für eine gewisse Zeit. Es liegt auf der Hand, daß für unser Begreifen dieser drei Kategorien der Schöpfung wohl gewaltige Möglichkeiten bestehen, daß ihm aber auch Grenzen gesetzt sind.
Wir haben uns mit den vorangegangenen Betrachtungen das Material bereitgestellt, um die Grenzen der menschlichen Erfahrungsmöglichkeit und des menschlichen Vorstellungsvermögens über Raum und Zeit abzuschätzen. Ich hatte ja gerade davon gesprochen, daß Licht- und Schallquellen, die wir mit den am meisten entsomatisierten Sinnen, dem Auge und dem Ohr, aufnehmen, von uns als räumlich eingeordnet empfunden und lokalisiert werden. Diese beiden Sinnesorgane geben uns daher Auskunft über das Wesen des Raumes. Lediglich bei den Begriffen oben und unten spielen die niederen Sinne eine bedeutende Rolle, da diese Raumdimension ja durch die Richtung der Schwerkraft ausgezeichnet ist. Die Schwerkraft wiederum wirkt auf unsere mehr somatisierten Sinne wie den Muskelsinn, den Stellsinn und den Orientierungssinn. Das Wesen der Zeit jedoch sitzt in seiner Empfindungsqualität sehr tief in unserem Körper. Von vielen Tierarten wissen wir ja, daß ihre Lebensvorgänge mehr oder minder rhythmisch in einem Zeitschema ablaufen, in dem man einen geradezu unausweichlichen biologischen Zwang erkennt. Denken wir nur einmal an die Zugvögel und an die jahreszeitlich gebundenen Brunftperioden. Zoologen und Botanikern ist es gelungen, in vielen Fällen äußere physikalische und chemische Reize zu isolieren, die diese zeitlich gebundenen Vorgänge verursachen. Es gibt eine Reihe von hochinteressanten Experimenten, in denen man durch künstliche Erzeugung solcher Reize diese biologischen Rhythmen gezielt gesteuert hat. Dabei ist es freilich noch völlig offen, ob Tiere ein echtes Zeitgefühl haben.
Man spricht ja davon, daß wir selbst ein Zeitgefühl haben, obwohl es der Physiologie noch nicht so recht gelungen ist, einen echten Zeitsinn in unserem Körper zu finden. Aber auch für die Zeit gibt es bestimmte Erlebnisinhalte, deren Betrachtungen es uns vielleicht erlauben, die Grenzen der menschlichen Vorstellungskraft über die Dimension der Zeit abzustecken. Diese sinnesgemäßen Betrachtungen über das Wesen von Raum und Zeit möchte ich im zweiten und dritten Kapitel besprechen.

Dieser naive Holzschnitt aus dem Mittelalter kennzeichnet in sehr eindringlicher Weise die Konfliktsituation des Menschen, den es danach drängt, seine räumliche Umwelt, vor allem die räumlichen Strukturen der Erde und des Weltalls zu erkennen – und der dabei an die Grenzen seiner räumlichen Vorstellungskraft stößt.

Kapitel II

Raum

Wenn wir einen Baum sehen oder eine Kirchenglocke läuten hören, so empfinden wir dabei eine räumliche Qualität. In unserem Bewußtsein verarbeiten wir diese Gesichtsempfindungen und übertragen sie sofort auf den Ort des Baumes, den wir an einer bestimmten Stelle in unserer räumlichen Umwelt als existent ansehen. Unsere beiden Ohren geben uns auch – ohne daß wir uns der physikalischen Raffinessen, die sich dabei abspielen, bewußt werden – einen überraschend genauen Hinweis darüber, an welchem Ort in unserer Umwelt die Kirchenglocken läuten. Auch verleihen uns unsere Augen und unsere Ohren eine erstaunliche Fähigkeit, die Entfernungen von Licht- und Schallquellen abzuschätzen. Mit diesen Fähigkeiten ist der Mensch aufgewachsen, und er hat sich bestimmt, zusammen mit allen höheren Lebewesen, immer schon hervorragend in der räumlichen Erstreckung seiner Umwelt ausgekannt. Diese uns von der Natur geschenkten Eigenschaften nehmen wir wahr, ohne daß wir uns dessen körperlich unmittelbar bewußt werden. Damit habe ich nur noch einmal beschrieben, was man unter «entsomatisierten» Sinnen – wie dem Auge und dem Ohr – versteht.

Die Entfernungswahrnehmung von Objekten in unserer Umwelt hat natürlich in der Natur eine gewisse Reichweite. Wir können nur so weit sehen, wie die Lichtsignale eines Objektes zwischen ihm und unserem Auge möglichst ungestört sich ausbreiten können. Das gleiche gilt für Schallwellen, wobei das Ohr dem Auge allerdings durch eine besondere Eigenschaft der Schallwellen überlegen ist. Wir können nicht um die Ecke sehen, da Lichtstrahlen sich – abgesehen von geringfügiger Beugung oder Streuung – nur geradlinig ausbreiten. Einen Gegenstand können wir dann nicht mehr sehen, wenn der Weg des Lichtstrahls zwischen ihm und unserem

Auge blockiert wird. Schallwellen jedoch werden so stark reflektiert und gebeugt, daß man auch ohne weiteres einem Gespräch zwischen zwei Menschen akustisch folgen kann, selbst wenn diese um drei Ecken herum in einem anderen Zimmer sitzen. Daraus können wir die Grenzen in der optischen und akustischen Wahrnehmung in unserer Umwelt ableiten. Die Sichtbarkeit von Gegenständen wird – wenn nicht gerade dichter Nebel herrscht – eigentlich nur durch andere Gegenstände blockiert. Die Reichweite unseres Hörorgans ist dadurch beschränkt, daß die Energie der Schallwellen mit wachsender Entfernung sehr schnell abnimmt. Das Ticken einer Taschenuhr ist schon über eine Entfernung von ein paar Metern nicht mehr zu bemerken, während man den Donner eines Gewitters über Entfernungen von 20 bis 30 Kilometern oder mehr noch hören kann. Ungefähr in einer Entfernung von 30 Kilometern im Umkreis unseres Standortes ist die Grenze, innerhalb der wir noch optische und akustische Eindrücke über das Wesen des Raumes, in dem wir leben, empfangen können. Vor allem optisch gesehen, ist diese Grenze durch die Krümmung der Erdoberfläche bestimmt. Das ist der berühmte «Horizont», und nicht umsonst sagen wir von einem weniger klugen Menschen, daß er einen engen «Horizont» habe.
Allerdings, wenn wir den Blick in den Himmel richten, so gibt es nur einen einzigen physikalischen Grund, der unsere Blickweite im Raum beschränkt: Es ist dies die Helligkeit der Himmelskörper im Weltall. Glücklicherweise ist unsere Erdatmosphäre für sichtbares Licht praktisch völlig transparent, so daß wir mit dem bloßen Auge noch fremde Milchstraßen sehen können, die Millionen von Lichtjahren entfernt sind. Mit unseren größten Fernrohren können wir uns bis an die Grenzen des Weltalls heranfotografieren. Wir können so weit sehen, weil diese Großhimmelskörper so überaus hell sind, daß sie noch bis zu uns herüberscheinen. Eine echte Raumtiefe jedoch empfinden wir dabei nicht. Alle Himmelskörper erscheinen unserem Auge so, als ob sie an der Halbkugel des Himmels über uns angeheftet seien; dabei gibt uns kein Sinnesorgan auch nur im entferntesten einen Hinweis darauf, wie weit die «Innenfläche» dieser Himmelshalbkugel von uns absteht. Wir haben überhaupt keine Empfindung dafür, daß die Sonne vierhundertmal weiter im Raume steht als der Mond oder daß der Fixstern Sirius 500000mal weiter entfernt ist als die Sonne. Wenn wir den Himmel mit Sonne, Mond und Sternen betrachten, so haben wir überhaupt keine echte

Empfindung über die Entfernungen, um die es sich dabei handelt. Da diese unserer räumlichen Vorstellungskraft völlig entzogen sind, haben wir auch nicht so recht das Gefühl, als ob wir in die gewaltigen Tiefen des Weltalls blickten. Nein, für den Menschen war der irdische Horizont immer die letzte faßbare Grenze, wie es ja auch in der naiven Darstellung auf Seite 46 zum Ausdruck kommt. Seit der Zeit, als der Mensch begann, mit Auge und Ohr die Räumlichkeit seiner Umwelt zu begreifen, hat ihn diese Grenze des Horizonts sehr beeindruckt und eigentlich bis erst vor ein paar Jahrhunderten den Charakter seiner Umwelt bestimmt. Alle alten Mythen und Weltbilder deuteten die Erde als eine riesige Scheibe, in deren Mitte wir leben. Wenn also die Chinesen schon seit Tausenden von Jahren sagen, daß ihr Reich das Land der Mitte sei, so hängt das damit zusammen, daß sie Augen haben.

«Wo wir sind, da ist immer oben», das haben wir schon als junge Leute im Fasching gesungen. In unserer übermütigen Laune haben wir freilich nicht daran gedacht, daß wir damit ein ganz entscheidendes Problem über die Position des Menschen auf seiner kugeligen Erde angeschnitten haben. Ein Problem, um das kluge Menschen seit Jahrtausenden gerungen haben und das heute bei fast allen von uns immer noch nicht echt bewältigt ist.

Daß unser blauer Planet, auf dem wir leben, Kugelgestalt hat, wurde von nachdenklichen Philosophen des Altertums bereits vermutet, allerdings konnten sie das bündig noch nicht nachweisen. Der griechische Philosoph Aristoteles freilich hat schon im Altertum einen höchst eleganten Beweis für die Kugelgestalt der Erde angeführt, der allerdings ein wenig zu raffiniert war, um ihm auch für naive Menschen echte Überzeugungskraft zu geben. Schon damals hat man erkannt, daß Mondfinsternisse entstehen, wenn der Mond durch den Erdschatten hindurchläuft. Dabei sieht man deutlich, daß die Schattengrenze der Erde ein Kreisbogen ist, wobei der Mond wie ein riesiger Projektionsschirm im Himmel diese Form des Erdschattens enthüllt. Die Erdschattengrenze ist immer ein Kreisbogen, und Aristoteles zog den eindeutigen Schluß, daß es nur einen Körper gibt, der in jeder Position und in jedem Fall einen kreisförmigen Schatten wirft. Das ist die Kugel. Wenn man jedoch sein tägliches Leben lebt, so kann man diese phantasievolle Vorstellung getrost als eine philosophische Arabeske abtun.

Wir sehen doch, daß unsere Gegend, in der wir wohnen, sich in den

Dimensionen der Länge und der Breite ausdehnt; selbst wenn wir über größere Strecken hinweg reisen, so zeigt uns der kreisrunde Ausschnitt der Erde mit seinem Horizont, in dessen Mitte wir uns immer befinden, ganz deutlich, daß die Landschaft, in der wir leben, oder die Meere, die wir befahren, eine große Fläche zu sein scheinen.

Immer wieder lassen wir uns von unserem Augenschein betören, obwohl ja nun seit fast einem halben Jahrtausend der klassische Beweis für die Kugelgestalt der Erde erbracht worden ist. Am 20. September 1519 nämlich stach der portugiesische Seefahrer Fernando Magellan mit einer Flotte von fünf Schiffen von San Lucar, dem Hafen von Sevilla, aus in See. Nur eines seiner Schiffe mit dem bedeutsamen Namen «Viktoria» kam knapp drei Jahre später nach der ersten Weltumsegelung wieder im gleichen Hafen an. Der Admiral der Flotte, Magellan, hat die erste Weltumsegelung allerdings selbst nicht mehr erlebt, da er auf den Gewürzinseln südlich von China ums Leben kam.

Seit jener Zeit wurden Globen gefertigt, und wir alle haben in der Schule gelernt, daß die Erde eine Kugel ist. Das haben wir als Wahrheit hingenommen – eigentlich begriffen haben wir es jedoch nicht. Wenn wir danach gefragt werden, so wird ein jeder von uns sagen, daß wir auf der Oberfläche einer Kugel leben. So richtig jedoch werden wir dessen nicht gewahr, da wir in unserer Vorstellung und in unserer Phantasie diese in sich selbst zurücklaufende Rundung unserer kosmischen Heimat mit unseren Händen noch nie angefaßt und sie daher noch nie wirklich «begriffen» haben.

Dieserhalb darf uns daher niemand einen Vorwurf machen, da uns der Augenschein ja tagtäglich betrügt. Es ist in der Tat so, daß dort immer oben ist, wo wir sind. Dafür ist der Eindruck der festen, unwandelbaren Erde unter unseren Füßen mit dem eindeutigen Begriff «unten» einfach zu überwältigend. Hier beginnt der Einfluß unserer niederen Sinne in unserer Raumorientierung sich deutlich bemerkbar zu machen. Über den sinnlichen Begriff «oben und unten» möchte ich später noch etwas sagen.

Als Kolumbus, die wahre Form der Erde nur ahnend, die Vorstellung äußerte, man könnte, von der iberischen Halbinsel ausgehend, Indien auch auf dem Westkurs ersegeln, wurde er bespöttelt. Man hat ihm entgegengehalten, was seinen Schiffen wohl passieren würde, wenn er den Rand der Erde erreichte; dort könne er dann ja nur in das Nichts, in das «Unten» stürzen.

Als Kopernikus und Galilei die Räumlichkeit des Planetensystems geltend machten, mußten sie immer wieder gegen den vorgefaßten Begriff «unten» kämpfen. Es ist doch unmöglich, so sagte man, daß die Bewohner der Gegenseite auf der Erde mit den Füßen nach oben und den Köpfen nach unten hängen müssen. Schon damals wurde der Begriff für die Bewohner der anderen Seite der Erde geprägt: «Antipoden», das heißt Gegenfüßler. Dieser Begriff wurde verlacht, bis Isaac Newton die ungeheure Idee über das Wesen der Schwerkraft hatte und damit zeigte, daß der Begriff «unten» relativ ist. Die Pfeile im Weltall, welche die Richtung nach unten anzeigen, sind nicht etwa parallel zueinander, sondern sie sind um die Erde herum radial angeordnet. Stehe ich als Mensch auf der anderen Seite der Erde, so sind meine Füße in der Tat so angeordnet, daß sie in Richtung auf die Füße eines Europäers ausgerichtet sind. Die Spötter der Renaissance wußten also gar nicht, wie recht sie mit ihrer Bezeichnung «Antipoden» hatten. Die meisten von ihnen jedoch haben nicht einsehen wollen, daß für die Antipoden auch der Satz gilt: «Wo wir sind, da ist immer oben.» Irgendwo sind sie nie ganz das Gefühl losgeworden, daß die Antipoden doch auf dem Kopf stehen.

Wir modernen Menschen sollten eigentlich diese ganze Geschichte begriffen und auch innerlich aufgenommen haben. Das Erstaunliche ist, daß das immer noch nicht der Fall ist, selbst wenn viele von uns schon weite Reisen unternommen haben. Was machen wir denn, wenn wir reisen und uns orientieren wollen, wo wir sind? Dann greifen wir selbstverständlich nach einer Karte. Karten sind mehr oder minder große Papierbogen, die wir auf dem Tisch ausbreiten und auf denen wir unsere Reisen abstecken. Da Karten auf einen Tisch passen, wird uns immer wieder die Vorstellung aufgezwungen, daß die Erdoberfläche eine Ebene sei. Daran hat selbst die Schulweisheit, daß die Erde eine Kugel ist, kaum etwas geändert. Nun können wir, wenn wir uns über größere Bereiche der Oberfläche unseres Planeten orientieren wollen, nicht immer einen Globus zur Hand nehmen, weil dieser nämlich mit seiner Kugelform etwas unhandlich ist. Hinzu kommt, daß man ihn bei der Betrachtung der einzelnen Kontinente und Ozeane dauernd herumdrehen muß.

Mit der Vorstellung, daß unsere kosmische Heimat Kugelform hat, stehen wir deswegen so sehr auf dem Kriegsfuß, weil sie unserem

Augenschein widerspricht. Auch in diesem Wort wiederum steckt die überragende Bedeutung der Sinnesempfindungen für die Bildung unserer Vorstellungswelt, ja sogar unseres Intellekts. Jeder Mensch, der – vielleicht schon als Kind beginnend – sich mit der Geographie und der größeren kosmischen Umwelt befaßt, wird immer wieder feststellen, daß er die Kräfte seines Intellekts zum echten Verständnis bemühen muß. Dabei muß er seine Begriffsbildungen von den unmittelbaren Sinneseindrücken ablösen. Das ist gar nicht so einfach. Auch heute noch haben viele von uns keine echte Vorstellung davon, daß wir auf der Oberfläche einer Kugel leben. Das ist mir ganz deutlich bei zwei Reisen um die Erde bewußt geworden, bei denen ich mich mit meinen Mitreisenden, die keineswegs ungebildete Menschen waren, über dieses Erlebnis unterhalten konnte.

Bei einer dieser Reisen habe ich auch zum erstenmal den Äquator überschritten. Als ich in Neuseeland ankam, fand ich mich in der Situation, daß ich ein Antipode war zu meinem damals dreijährigen Kind, das wir in der Obhut der Großmutter in Europa zurückgelassen hatten. Es war für mich recht merkwürdig, als ich mir bildlich vorstellte, daß sich unsere Füße am nächsten waren, wenn ich im Hotelzimmer stand und mein Kind auf der anderen Seite der Welt in unserem Wohnzimmer umherlief. Unsere Köpfe wiesen dabei in entgegengesetzte Richtungen des Weltalls. Das sind Erlebnisinhalte, die sich viele Weltreisende entgehen lassen. Für mich als Astronomen war es ein erschütterndes Erlebnis, zum erstenmal auf der Südhalbkugel des Globus zu stehen. Seit meiner Kindheit kenne ich den Sternenhimmel über meinem Kopf; wobei die Richtung «oben» natürlich in etwa der Nordrichtung der Erdachse entspricht, da ich als Europäer geboren und aufgewachsen bin. Relativ zum Sternenhimmel, den ich seit meiner Jugend so gut kenne, hatte ich auf der Südhalbkugel das beunruhigende Gefühl, daß ich auf dem Kopf stünde. Es hat ungefähr eine Woche gedauert, bis ich mich gefühlsmäßig an die Tatsache gewöhnt hatte, daß sich bezüglich der Richtung meiner Füße und meines Kopfes das Himmelsgewölbe andersherum dreht. Die erste Nacht auf der Südhalbkugel verbrachte ich in Tahiti, nach einem zehnstündigen Flug von Los Angeles. Die ganze Nacht habe ich nicht geschlafen und sie auf dem Balkon des Hotelzimmers verbracht. Obwohl ich über die Umkehrung der Drehrichtung des Sternenhimmels als Astronom selbstverständlich

Bescheid wußte, konnte ich sie aber – ich möchte beinahe sagen: emotional – nicht verarbeiten. Eine Woche später auf den Fidschi-Inseln sagte ich zu meiner Frau: «Jetzt habe ich es begriffen.»
Da ich nun wußte, daß ich «auf dem Kopf» stand, war es für mich auch völlig «einsichtig», daß die aufgehende Sonne, der Mond und die Sterne nach links wegziehend den Himmel emporstiegen und nicht nach rechts, wie von der Nordhalbkugel aus gesehen. Einen guten Freund, der seit zehn Jahren in Südafrika lebt, habe ich einmal danach gefragt: Er hatte das überhaupt noch nicht bemerkt. Seine vielen Reisen zwischen Europa und Südafrika hat er lediglich auf einer ebenen Weltkarte zurückgelegt.
Ein paar Tage später, in Australien, traf ich einen Kollegen, und diesen habe ich dann auch prompt gefragt: «Warum stellen Sie denn Ihren Globus in Ihrer Bibliothek nicht auf den Kopf?» Wäre ich ein Bewohner Australiens, dann würde ich den Globus nicht so aufstellen wie wir in Europa, nur deswegen, weil ein Holländer Australien und ein Engländer die Inseln der Südsee entdeckt haben. Als Bewohner der Südhalbkugel würde ich meinen Globus ummontieren, den Südpol nach oben nehmen, damit ich mich auf dieser Kugel, auf der ich lebe, mit ihrer Drehrichtung relativ zum Weltall jederzeit einwandfrei orientieren kann. Als ich dies meinem Freund, dem Wissenschaftsjournalisten Pàl von Janko, erzählte, schlug er mir sofort vor, wir sollten für die Australier, für die Bewohner Neuseelands, Südafrikas und Südamerikas einen Globus herausbringen, bei dem die Bezeichnungen der Kontinente, der Inseln und der Ozeane einfach auf dem Kopf stehen. Dann könnte man die Antarktis nach oben setzen. Ich weiß nicht recht, ob mein Freund und ich damit Geld verdienen könnten. Dazu, so scheint es mir, ist die Trägheit

Einordnung des Umfanges der menschlichen Vorstellungskraft in den Bereich des Raumes. Die Grenzen der Schöpfung sind gekennzeichnet durch den kleinsten nuklearen Wirkungsabstand und den Durchmesser des Weltalls. Diese räumliche Spannung der Schöpfung ist in 44 Stationen unterteilt, wobei jede Station eine Erstreckung umfaßt, die zehnmal größer ist als die vorangegangene. Die Dimensionsspanne des Raumes der Schöpfung umfaßt daher einen Bereich von 1 zu hundert Septillionen. Nur ein kleiner Bereich mit einer Spanne von 1 zu 100 Milliarden umfaßt dabei die Spanne der räumlichen Vorstellungskraft. Diese liegt außerdem noch nicht etwa in der Mitte der räumlichen Erstreckung der Schöpfung, sondern um das Tausendfache in Richtung auf die kleinen Dimensionen verschoben.

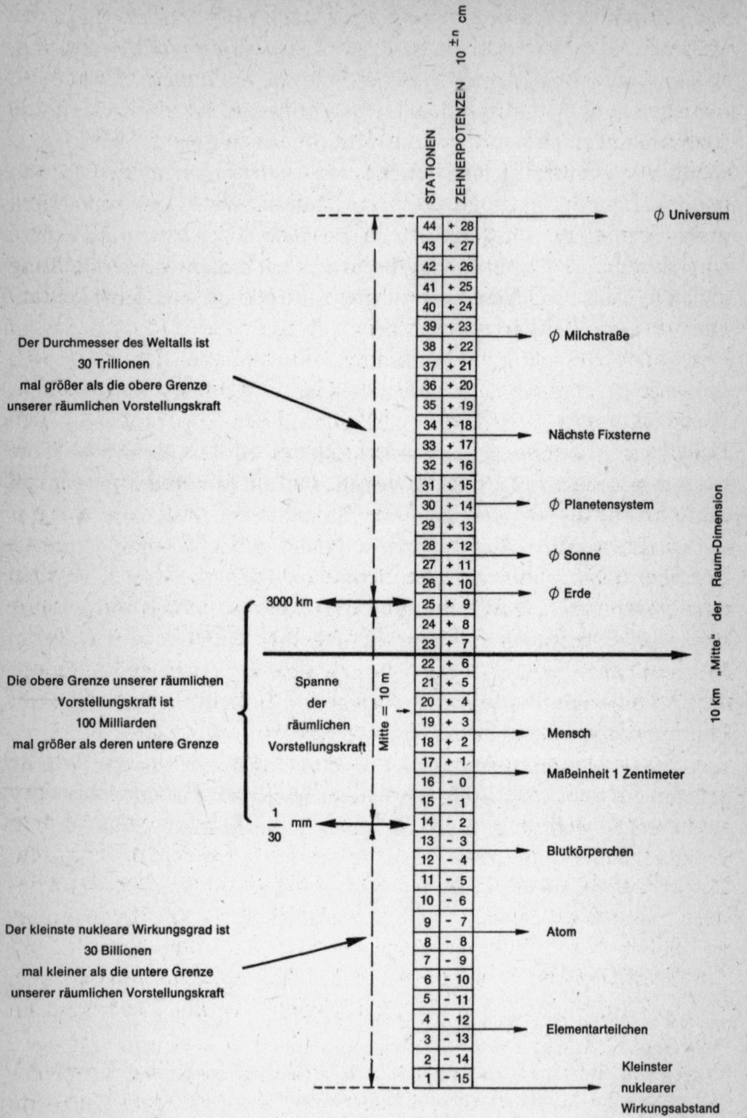

STATIONEN
ZEHNERPOTENZEN
10 ±n cm
Ø Universum
Ø Milchstraße
Nächste Fixsterne
Ø Planetensystem
Ø Sonne
Ø Erde
Mensch
Maßeinheit 1 Zentimeter
Blutkörperchen
Atom
Elementarteilchen
Kleinster
nuklearer
Wirkungsabstand
10 km „Mitte" der Raum-Dimension
Der Durchmesser des Weltalls ist
30 Trillionen
mal größer als die obere Grenze
unserer räumlichen Vorstellungskraft
3000 km
Die obere Grenze unserer räumlichen
Vorstellungskraft ist
100 Milliarden
mal größer als deren untere Grenze
Spanne
der
räumlichen
Vorstellungskraft
Mitte = 10 m
1/30 mm
Der kleinste nukleare Wirkungsgrad ist
30 Billionen
mal kleiner als die untere Grenze
unserer räumlichen Vorstellungskraft

der Menschen immer noch zu groß. Immer noch leben wir mit der uralten Vorstellung, daß die Erde eine Scheibe sei. Die Überlegung, daß die Erde eine Kugel ist, haben wir uns noch nicht so recht zu eigen gemacht. Mit unserem auf dem Kopf stehenden Globus für die Australier können wir daher wohl kaum Geschäfte machen.

Wenn wir mit der Vorstellung über die Form unserer Erde schon seit Jahrhunderten und seit Jahrtausenden Schwierigkeiten haben, dann dürfen wir uns auch nicht darüber wundern, daß unsere Sinnesorgane uns keine allzu gute Hilfestellung bei der Vorstellung über die wahren Dimensionen unserer kosmischen Heimat leisten. Die Umwelt des Kindes in der Wiege reicht ein paar Meter weit. Im heranwachsenden jungen Menschen entwickelt sich dann eine Vorstellung, die etwa bis zum sichtbaren und hörbaren Horizont reicht. Wenn man sich auf die Wanderschaft begibt, so kann man den Horizont erweitern. Im Laufe der Entdeckungsgeschichte der Erde hat der Mensch schließlich einen Begriff dafür bekommen, wie groß die Kontinente und die Ozeane sind. Diese Erfahrungswelt war jedoch nur einem kleinen Teil der Menschen vorbehalten, die als Forscher und Seefahrer diesen Planeten eroberten. Diese Menschen aber waren immer eine Elite, und deswegen ist der Seefahrer heute noch von Romantik umwittert. Dem zu Hause Gebliebenen, dessen Horizont sich vielleicht nur nach zwanzig oder vielleicht zweihundert Kilometern bemißt, sind diese Erfahrungen – da ja auch sie als Sinneseindrücke bestehen – nicht wirklich übermittelbar.

Die Menschen, die in den letzten zwei- bis fünftausend Jahren die Oberfläche der Erde erforscht haben, vollbrachten dies entweder unmittelbar zu Fuß oder auf dem Rücken der Pferde; erst in den letzten fünfhundert Jahren überquerten sie die Ozeane mit Schiffen. Dabei jedoch wurde ihnen die Größe der Raumerstreckung wiederum sinnlich bewußt, da sie jeden zurückgelegten Meter im eigentlichen Sinne erlebten: entweder als Nomadenvölker zu Fuß oder als Mongolenreiter zu Pferde, als Siedler des amerikanischen Westens im Planwagen oder als Eroberer fremder Kontinente in sturmgeschüttelten Segelschiffen.

Für uns moderne Menschen hat sich der Entfernungsbegriff gewandelt. Man kann heute ohne größeren Aufwand mit dem Auto von Frankfurt nach Rom fahren und bekommt dabei einen anschaulichen Begriff dafür, wie groß eine Strecke von etwa tausend Kilometern ist. Für einen Goethe war eine solche Italienreise noch ein ganz anderer Eindruck. Die größte Verfälschung unseres Entfernungsbegriffes jedoch hat das moderne Flugzeug verursacht. Wenn man bedenkt, daß man heute in Frankfurt frühstücken, in New York zu Mittag essen und in Los Angeles zu Abend speisen kann – und das alles an einem Tag –, so hat ein solches Erlebnis den Charakter einer gewissen Unwirklichkeit. Man hat es nicht echt in sich aufgenommen, daß man an einem Tag ein Drittel unseres Planeten umrunden kann. Man hat die Zurücklegung dieser Entfernung eigentlich nicht «verdient». Aus diesem Mangel an Aufwand folgt dann auch ein gewisser Mangel an Vorstellung, wie weit Frankfurt und Los Angeles in Wirklichkeit voneinander entfernt sind. Eine Flugreise ist ein typisches Beispiel dafür, daß Erlebnisinhalte dieser modernen Art nicht recht dazu taugen, das Vorstellungsvermögen des Menschen über die Erstreckung des Raumes zu fördern.

Im Januar 1975 haben wir mit unserem fünfeinhalbjährigen Kind zum erstenmal einen fremden Kontinent besucht und dabei ein Weltmeer, den Atlantik, gekreuzt. Das haben wir mit dem Schiff gemacht, weil uns nämlich daran lag, unserem Sohn einen heilsamen Respekt für die Größe dieser Erde beizubringen. Würden wir ihn mit einem Jumbo-Jet innerhalb von sieben Stunden von Frankfurt nach New York katapultieren, so würde er die meiste Zeit sich entweder einen Film ansehen oder essen oder schlafen. So aber hat er erlebt, daß ein Schiff sich sechs Tage lang von morgens bis abends Meter für Meter durch eine «unendlich» wirkende Wasserwüste hindurchzuwühlen hat. Das könnte ein bleibender Eindruck sein. Zwar erhoffen wir uns von diesem Erlebnis keineswegs, daß er sich die Breite des Atlantischen Ozeans so «vorstellen» kann, wie ihm etwa die Größe eines Hauses, eines Fußballplatzes oder die Entfernung zu seinem Kindergarten geläufig ist. Selbst bei weitgereisten Erwachsenen überschreitet die Größe unseres Planeten im eigentlichen Sinne das Vorstellungsvermögen. Auch diese Überlegungen führen uns zu dem Schluß, wie sehr die menschliche Vorstellungskraft für die Dimensionen des Raumes von unseren unmittelbaren Sinneseindrücken abhängig ist. Wir können rund 20 bis 30 Kilometer weit sehen und hören, und das ist auch etwa die Entfernung, die man im Verlaufe eines Tages ohne übergroßen Aufwand abschreiten kann. Das ist der Grund, weshalb jenseits dieser Grenze unser Vorstellungsvermögen über den Raum zu schwimmen beginnt. Mit den modernen Verkehrsmitteln, dem Auto und vor allem dem

Flugzeug betrügen wir uns nur selbst. Da die sinnesbedingte Unterstützung für unsere Raumvorstellungen fehlt, beginnt auch unser echtes Vorstellungsvermögen für Entfernungen, die 50 oder 100 Kilometer überschreiten, zu versagen.

Wenn wir das Wort Erde benutzen, so verbinden wir damit zwei völlig getrennte Vorstellungen. Vielleicht denken wir beim Stichwort Erde an den «Erdboden», auf dem wir herumlaufen. Im Sinne der alten vier Elemente ist dann auch das Wort Erde das erste Element, das heißt die feste Substanz unter unseren Füßen. Sodann beinhaltet das Wort Erde auch den Planeten, auf dem wir leben. Wenn wir von dem einen zu dem anderen Begriff übergehen, dann müssen wir buchstäblich umschalten. Im ersten Falle sind wir noch Menschen der Antike und des frühen Mittelalters, die die Erde als Scheibe sehen und für die daher ein solcher Unterschied nicht bestand. Im zweiten Falle müssen wir uns eine Kugel vorstellen, das heißt jene Gestalt, die unser Planet besitzt. Diese geistige Umschaltung vollzieht jeder Wissenschaftler, wenn er ein globales Thema anschneidet, genauso wie das Schulkind, das zum erstenmal hört, daß die Erde eine Kugel ist. Daß wir mit unserer Vorstellungskraft diese Umschaltung gleich vollziehen können, liegt daran, daß wir die dritte Dimension des Raumes im wahren Sinne des Wortes zu begreifen vermögen. Der rein mathematisch gedachte Raum hat drei Erstreckungen, wie wir an den Kanten an jeder Ecke eines Würfels unmittelbar erkennen können. Der Würfel hat nämlich eine Länge, eine Breite und eine Höhe (auch Tiefe genannt). Diese drei Erstrekkungen der räumlichen Wesenheit werden durch die Kanten des Würfels optisch und auch ertastbar repräsentiert, wobei es typisch ist, daß diese drei Kanten sich in der Ecke eines Würfels treffen und dort jeweils paarweise aufeinander senkrecht stehen. Ohne unser Auge und auch ohne unseren Tastsinn könnten wir diese typische Dreiteilung in der Dimensionsstruktur des Raumes nicht erkennen und begreifen.

Zuvor habe ich schon davon gesprochen, daß die beiden am meisten entpersönlichten Sinne, nämlich unser Auge und unser Ohr, uns befähigen, die dreidimensionale Struktur unseres Raumes, eben seine Räumlichkeit, zu erkennen. Unsere somatisierten Sinne dagegen machen ganz deutlich einen Unterschied zwischen einer dieser Dimensionen und den beiden anderen. Länge und Breite gehören zur einen Gruppe; Höhe oder Tiefe zur anderen. Das liegt natürlich

an der Schwerkraft, die in unserer Umwelt von oben nach unten wirkt. Es gibt unzählige Beispiele in unserer Sinneserfahrung, um diesen ganz entscheidenden Unterschied klarzumachen. Wenn wir uns als Lebewesen im Schwerefeld der Erde bewegen, so müssen wir uns dauernd mit ihm auseinandersetzen, damit wir nicht stürzen. Beim Sitzen und Liegen fühlen wir den Druck der Unterlage gegen unsere Körperoberfläche. Über den komplizierten Mechanismus, der erforderlich ist, damit wir im Schwerefeld der Erde, ohne zu fallen, sicher laufen können, habe ich schon gesprochen. Für jedes Elternpaar ist es ein Erlebnis, wenn ein Kind – etwa ein Jahr alt – die Kunst des Gehens meistert. Auch gibt es eine Überfülle von Sinneserlebnissen unserer somatisierten Sinne, die uns klarmachen, was «oben» heißt. Eine Treppe und ein Berg müssen mit einem Kraftaufwand erstiegen werden. Auch Auge und Ohr vermitteln uns über oben und unten sehr deutliche Eindrücke, die mit Empfindungen der niederen Sinnesorgane durch langjährige Erfahrung eng verknüpft werden. Wenn wir auf dem Balkon eines Wolkenkratzers stehen und in die Tiefe schauen, so versichern wir uns gleichzeitig einer sehr wirkungsvollen Unterstützung, indem wir uns nicht zu weit hinauslehnen und uns energisch am Geländer festhalten. Der Blick in die Tiefe ist nicht jedermanns Sache, wie uns das sogenannte Schwindelgefühl deutlich zeigt. Wenn wir also über die sinnesgemäße Erfassung der Raumstruktur mit ihren drei Dimensionen reden wollen, dann müssen wir einen deutlichen Unterschied machen zwischen den Dimensionen Länge und Breite und zwischen Höhe oder Tiefe. Es ist sinnesphysiologisch wieder sehr interessant, daß wir den beiden Raumdimensionen Länge und Breite einen gemeinsamen Namen gegeben haben: Es sind die waagrechten Dimensionen. Die dritte Dimension nennen wir die senkrechte, wobei wir hier sogar – wiederum durch die Wucht unserer Sinneseindrücke veranlaßt – die Richtungen oben und unten mit besonderen Bezeichnungen versehen haben.
Der Grund für diese bedeutenden Unterscheidungen in unseren Vorstellungen der Raumstruktur liegt natürlich in der Schwerkraft der Erde, die sie auf uns als ihre Bewohner ausübt. Die moderne Weltraumfahrt hebt diese Unterschiede auf. Im gewichtslosen Zustand, in einer Satellitenbahn um die Erde oder bei einem Flug zum Mond, sind die drei Richtungen des Raumes völlig gleichwertig. Eine durch die Schwerkraft verursachte mechanische Verformung

unserer Empfindungsorgane des Kraft- und Orientierungssinnes fallen fort. Ein Astronaut im gewichtslosen Zustand muß daher einen ganz anderen – und vermutlich objektiv besseren – Eindruck über das Wesen der drei Dimensionen des Raumes empfangen. Wenn er gewichtslos durch das Weltall kreuzt, dann hat er die Provinzialität unserer räumlichen Sinnesempfindungen, der wir Bewohner dieses Planeten seit Urzeiten niemals entrinnen konnten, hinter sich gelassen. Im Sinne der mechanischen Sinne (auch hier die Doppelbedeutung «Sinne») gibt es für ihn kein «Oben» oder «Unten».

Diese unirdische Gleichheit der drei Dimensionen des Raumes im gewichtslosen Zustand muß jeden Wissenschaftler, der sich mit den menschlichen Sinnen befaßt, faszinieren. Es ist ein Zustand, der für kein einziges der höheren Lebewesen auf dieser Erde je existiert hat. Bei der Gewichtslosigkeit nämlich muß es zu einer Spaltung zwischen den Sinneseindrücken der entsomatisierten und somatisierten Sinne kommen. Wenn der Körper unwillentlich heftig bewegt wird, wie beim schweren Seegang oder beim Flug durch Turbulenzen in der Luft, gibt es ähnliche Diskrepanzen. Diese können dazu führen, daß es einem Menschen je nach Veranlagung schlecht wird und daß es zu erheblichen Störungen des vegetativen Nervensystems kommt. Nur derjenige, der schon einmal richtig see- oder luftkrank war, kann ermessen, welches Vernichtungsgefühl den Menschen dabei überkommt. Grundsätzlich kommt es bei einer solchen Spaltung der Sinnesempfindungen zu ernsthaften Störungen im Organismus und im Bewußtsein. Aus diesem Grunde haben wir schon vor mehr als dreißig Jahren die Möglichkeit einer sogenannten «Raumkrankheit» vorausgesagt, die einfach dadurch entsteht, daß der Mensch mit seinen Sinnesempfindungen nicht in allen Fällen darauf eingerichtet ist, eine mathematische und physikalische Identität der drei Richtungen des Raumes zu erleben und zu ertragen. Einige unserer Astronauten und Kosmonauten wurden bei ihren Raumflügen mit diesem Sinneserlebnis nicht fertig, und es wurde ihnen sterbenselend.

Nun sind Astronauten mit besonderer Sorgfalt ausgesuchte Individuen, die man schon vor ihren Raumflügen auf dieses für jedes irdische Wesen vollkommen ungewohnte Wirrwarr der Sinneseindrücke vorbereitete. Durch strengste Konzentration kann man sich als Astronaut in diesem Gemisch der sich widerstrebenden Sinnes-

empfindungen zurechtfinden. Darüber habe ich kürzlich mit dem amerikanischen Astronauten Neil Armstrong, dem ersten Mann auf dem Mond, ein sehr interessantes Gespräch geführt.
Armstrong hat sich von der Weltraumfahrt zurückgezogen und ist zur Zeit Professor für Aerodynamik und Flugtechnik an der University of Ohio in Cincinnati. Die Fragen, die ich mit ihm diskutieren wollte, waren keineswegs technische Fragen, sie waren vielmehr psychologischer, ja vielleicht sogar emotionaler Natur.
Schon vor über zwanzig Jahren habe ich mich mit den medizinischen, sinnesphysiologischen und psychologischen Aspekten des Zustandes der Gewichtslosigkeit, wie sie im Raum auftritt, beschäftigt und habe mir Gedanken darüber gemacht, ob der Mensch ohne einen Vorstellungsbegriff über die Richtungen oben und unten auskommen kann. Ich fürchtete, daß es ohne diesen Vorstellungsbegriff zu einer völligen Desorientierung käme. Auch hatte ich damals schon vermutet, daß ein Astronaut im gewichtslosen Zustand eine freie Entscheidung darüber hat, wo für ihn in seiner Vorstellung jeweils oben und unten ist. Diese Vermutungen konnte mir Neil Armstrong bestätigen. Ja, es ist sogar so, daß der Astronaut ohne ein persönlich gewähltes Bezugssystem über die Position seines Körpers im Raume nicht auskommt. Interessant war nur: Wie wird dieses Bezugssystem von Astronauten in den verschiedenen Situationen eines Mondfluges gewählt?
Schließt er die Augen, so ist für ihn dort unten, wo sich seine Füße befinden. Obwohl die richtungweisende Schwerkraft fehlt, empfindet er immer noch, daß sein Kopf oben ist. Die Sache wird jedoch völlig anders, wenn er die Augen öffnet und das Innere der ihm vom Training her so vertrauten Kabine in Augenschein nimmt. Dann wird sein Bezugssystem oben und unten auf die Trainingssituation zurückgeführt. Gleichgültig, ob er nun im Raum quer schwebt oder vielleicht mit dem Kopf schräg zum «Fußboden» der Kabine steht, so weiß er doch, daß das ihm vertraute Instrument A links oben auf dem Instrumentenbrett angeordnet ist und das Instrument Z rechts unten. Diese Anordnung der ihm so vertrauten Instrumente benutzt er dann als Bezugssystem für oben und unten. Wenn er sich also im gewichtslosen Zustand zufällig quer zu den Instrumenten befinden sollte, dann richtet er sich auf, vielleicht auch nur, damit er das Instrument in der von der Erde her gewohnten Lage besser ablesen kann.

Völlig anders jedoch wird es, wenn er aus dem Fenster schaut. Dann sieht er die Erde im Raum schweben, die er zunächst als Satellit umkreist. Hier nun hat der Astronaut völlig freie Wahl, ob er die Richtung zum Erdmittelpunkt als «unten» empfindet oder ob er sich vielleicht vorstellt, daß sie «seitlich» im Fenster sichtbar ist. Da die meisten Astronauten Piloten gewesen sind, könnte man vielleicht erwarten, daß sie das Gefühl haben, die Erde zu umkreisen, und zwar so, daß die Erde immer unter ihnen ist, genauso als ob man in einem hochfliegenden Flugzeug die Erde umfliegt. Das Interessante dabei ist jedoch – das hat mir Armstrong bestätigt –, daß er sich immer vorgestellt habe, daß er die Erde in einer «waagrechten» Satellitenbahn umkreise. Wenn er also innerhalb des Raumschiffes in Fahrtrichtung blickte und dann seitlich zum Fenster hinausschaute, so hatte er sich immer vorgestellt, daß die Erde links von ihm vorbeistreife. Das ist psychologisch ungemein interessant, denn damit hat der Astronaut jenes Vorstellungsbild mitgenommen, das er von jeder Zeichnung einer Satellitenbahn um die Erde auf einem flachen Stück Papier her kennt.

Sodann habe ich eine psychologische Trickfrage an ihn gestellt. «Wenn Sie auf dem Wege zum Mond waren», so fragte ich ihn, «hatten Sie dabei das Gefühl, daß Sie zum Mond *hinauf*flogen oder daß Sie zum Mond *hinüber*flogen?» Auch hier kam wieder eine höchst interessante Antwort. Armstrong hat mir das Vorstellungsbild, das er dabei hatte, mitgeteilt – mir aber auch ganz ausdrücklich gesagt, daß das vielleicht nur für ihn gelten würde. Er ist zum Mond «hinüber»geflogen. Als ich ihm diese Frage stellte, ergriff er zwei Teller und einen Aschenbecher und verteilte sie auf dem Tisch. «Hier ist die Sonne», so sagte er, «und hier ist die Erde, und hier liegt der Mond. Drei Körper liegen ja immer in einer Ebene, und wenn wir von der Neigung der Mondbahn absehen, so ist dies nahezu die Ebene der Ekliptik. Bei dieser Vorstellungsweise freilich wurde ich dadurch unterstützt, daß die Drehachse unseres Raumschiffes senkrecht auf dieser Ebene angeordnet war. Dabei ergab sich die idealste Verteilung der Sonnenstrahlung und ihrer Wärmewirkung auf die ganze Haut des Raumschiffes. Oben war dabei für mich immer der Nordteil des nun geschlossenen kugeligen Sternenhimmels, und mit diesem Vorstellungsbild bin ich am besten gefahren.»

Nach einem kurzen introspektiven Gespräch sind Armstrong und ich übereingekommen, daß er dieses Vorstellungsbild ebenfalls von

Prinzipskizzen der Bahn des Raumschiffes von der Erde zum Mond und zurück, die er ja zuvor immer in der horizontalen Tischebene studiert und aufgenommen hatte, bei seinen Flügen zum Mond mitführte. Er hätte auch ohne weiteres für sich selbst das Vorstellungsbild entwerfen können, daß diese Bahnebene «senkrecht» steht und daß er dann zum Mond hinauf- oder hinunterflog. Es ist psychologisch sehr interessant, daß er das nie getan hat.
Auch bei der Einlenkung der Mondlandefähre in die Mondlandebahn hatte er zunächst die Orientierungsvorstellung, daß der Mond seitlich von ihm sei. Bei der Annäherung an die Mondoberfläche schließlich mußte es dazu kommen, daß er die Mondoberfläche selbst, da er ja auf ihr landen wollte, als «unten» empfinden mußte. Während des Landemanövers mußte es daher einen Moment geben, in dem er sein Vorstellungsbild über oben und unten um 90 Grad herumdrehen mußte. Es ist nun hochinteressant, daß er sich nicht daran erinnern kann, wann er diesen Übergang von «Mond zu meiner Seite» zu dem Vorstellungszustand «Mond unter mir» vollzogen hat.
Sehr aufschlußreich war auch sein Vorstellungsbild über die Orientierung oben und unten, wenn er den etwa 6 Meter langen Tunnel zwischen dem eigentlichen Raumschiff und der Mondlandefähre durchkroch. Da sagte er mir, daß er diesen Tunnel immer als «senkrecht» empfunden hätte. Einmal hätte er die Vorstellung gehabt, daß er in die Mondlandefähre hinaufkletterte; ein andermal hatte er die Vorstellung, daß er kopfüber in sie nach unten hineintauchte. Als waagrecht hat er sich diesen Tunnel nie vorgestellt. Auch diese Vorstellungsbilder waren noch ein Überhang aus dem Training, als nämlich dieser Tunnel auf der Erde immer senkrecht stand.
Armstrong ist einer der ganz wenigen Menschen, die sich längere Zeit auf einem Himmelskörper aufgehalten haben, dessen Schwerefeld sich drastisch von dem unseres Heimatplaneten unterscheidet. Auf dem Mond wiegt ein Mensch nur ein Sechstel dessen, was er auf der Erde wiegt. Wir haben ja alle die tänzelnden Schritte der Astronauten gesehen, wenn sie sich ihres verringerten Körpergewichtes so richtig freuten. Ich fragte Armstrong danach, wie lange er wohl gebraucht hätte, um sich daran zu gewöhnen. Er sagte, daß das ziemlich schnell ging – vielleicht eine halbe Stunde –, und die ganze Anpassung an die Schwerkraft des Mondfeldes wäre dadurch sehr erleichtert worden, daß sie ja in der Mondlandefähre, bereits auf

dem Mond stehend, sich eine Stunde aufgehalten hätten – beschäftigt mit dem Anlegen der Raumanzüge. Als er dann als erster Mensch den Mond betrat, hatte er sich schon an diese Verhältnisse angepaßt.

Zum Schluß wollte ich noch wissen, auf welchem Himmelskörper er mit Rücksicht auf ihre verschiedene Schwerkraft wohl am liebsten Ferien machen würde. «Ich denke schon, der Mond ist der beste. Nur sind die Unterbringungsverhältnisse dort noch nicht so richtig auf der Höhe.»

Für mich als Astronomen war es besonders interessant, daß Neil Armstrong als Bewohner der Nordhalbkugel bei seiner ganzen Reise die Nordhalbkugel des Sternenhimmels immer als oben empfunden hat, obwohl die Südhalbkugel des Sternenhimmels in seinem gewichtslosen Zustand völlig gleichberechtigt war. Es gibt wohl kaum ein Beispiel in der Sinnesphysiologie, bei dem wir einen schöneren Einblick in die Koppelung von rein physiologischen Sinneseindrücken und dem Bewußtsein hätten gewinnen können. Bisher habe ich ausführlich davon gesprochen, wie sehr unser Bewußtsein von der Modalität und der Unabänderlichkeit unserer Sinnesempfindungen abhängig ist. Hier zeigt sich, daß im Zentralnervensystem Fähigkeiten angelegt sind, dem Eindruck der Sinnesorgane zu entschlüpfen und ein selbständiges Urteil zu bilden.

Auch wenn manch einer es nicht glauben will, so ist unsere Vorstellungskraft über räumliche Erstreckungen trotz Weltreisen und Mondflügen letzten Endes doch auf die Sinneseindrücke, die wir von der Umwelt empfangen, beschränkt. Ein Neil Armstrong kann mit Mondentfernungen rechnen, und dennoch bezweifle ich, ob er sich wirklich vorstellen kann, wie weit der Mond von der Erde entfernt ist. Vorhin habe ich geltend gemacht, daß die Grenzen unseres Vorstellungsvermögens für die Dimensionen des Raumes nach oben hin auf eine Erstreckung von etwa 20 bis 100 Kilometern beschränkt sind. Für einen Astronauten wie Neil Armstrong mag die Erstreckung von 3000 Kilometern noch vorstellbar sein. Er hat ja Kontinentabschnitte mit diesen Dimensionen mit eigenen Augen gesehen. Alles, was diese Grenze überschreitet, berechnen wir. Dadurch, daß wir mit diesen Berechnungen zu sinnvollen Ergebnissen kommen, glauben wir, daß wir sie uns auch vorstellen können. Das ist jedoch sinnesphysiologisch und vom Wesen des Bewußtseins her nicht der Fall.

So wollen wir uns jetzt fragen, was ist denn die kleinste Dimension, die wir uns vorstellen können? Auch hier wieder wollen wir nach den sinnesphysiologischen Grenzen des Kleinsten fragen. Die Struktur unserer Netzhaut gibt uns die Möglichkeit, an einem Gegenstand, den wir in der Hand halten, feine Details noch zu unterscheiden. Der beste Maßstab für die sinvolle Grenze dieses Unterscheidungsvermögens liegt eben in jenem Maßstab. Die kleinste Einheit, die uns auf einem Maßstab angeboten wird, sind feine Striche, die minimal ein zehntel Millimeter auseinanderliegen. Einige Maßstäbe enden schon bei einem halben Millimeter. Dabei sollen wir uns überhaupt nicht davon verführen lassen, daß wir mit einem Lichtmikroskop oder einem Elektronenmikroskop noch viel tiefer in die feinen Details der Schöpfung hineinschauen können; denn das ist nicht mehr echt sinnesgerecht. Im Gesichtsfeld eines solchen Mikroskops vergrößern wir ja nur die Dinge, damit auch dort die Einzelheiten mindestens die Dimensionen erreichen, unter denen uns ein zehntel Millimeter erscheint. Dort also liegt die optische Auflösungsgrenze für unser Auge. Noch kleinere Dimensionen vielleicht können wir empfinden, wenn wir ein winziges Staubkörnchen zwischen unseren Fingern hin- und herreiben. Das können wir als ein Teilchen vielleicht gerade noch erkennen, wenn es einen Durchmesser von etwa einem zwanzigstel Millimeter hat. Sodann kann ein winziges Stäubchen mit einem Durchmesser von etwa einem dreißigstel Millimeter für uns noch wahrnehmbar sein, wenn es uns ins Auge fliegt. Alle Körperchen unter dieser Größe können wir individuell nicht mehr wahrnehmen. Das ist auch der Grund, weshalb uns die Größe des Blutkörperchens mit einem Durchmesser von etwa einem tausendstel Millimeter eigentlich nicht mehr vorstellbar ist. Damit haben wir die Grenzen der echten menschlichen Vorstellungskraft über die räumliche Dimension der Schöpfung nach unten abgesteckt. Sie sind endgültig festgelegt durch die Fähigkeit unserer Sinnesorgane, solche Dimensionen zu erleben. Das ist also der Bereich unserer räumlichen Vorstellungskraft, der beginnt mit der Kleinheit des feinsten Stäubchens in unserem Auge und mit der Weite des Horizonts endet, mit einer Dimension von etwa 30 Kilometern, für einen Astronauten vielleicht von etwa 3000 Kilometern. Wir sollen uns nicht davon verführen lassen, daß wir weit unter die Grenze dieses feinsten Stäubchens in unserem Auge und weit über den sichtbaren Horizont hinaus rechnen können. Wir müssen uns davor hüten zu meinen, daß wir mit rechnerisch erfaßbaren Dimensionen nach oben und unten noch viel weiter kommen, und nicht etwa glauben, daß wir mit unserer Vorstellungskraft diese Grenzen echt überschreiten können.

In diesem Zusammenhang ist es vielleicht interessant, sich zu überlegen, wo die Grenzen unserer Vorstellungskraft des Raumes angesiedelt sind, im Vergleich zu den räumlichen Dimensionen der Schöpfung. Beginnen wir einmal mit der kleinsten räumlichen Dimension, die wir heute mit unseren Kenntnissen der Physik als sinnvoll und existent erkannt haben. Schon seit Jahren gilt als die kleinste räumliche Dimension in der Physik der Durchmesser eines sogenannten Elementarteilchens, aus denen sich die Materie aufbaut. Es sind dies die Protonen, Elektronen und Neutronen. Die moderne Elementarteilchenphysik hat uns mit noch kleineren räumlichen Dimensionen, die wir physikalisch unterscheiden können, vertraut gemacht. Nach dem heutigen Stand der Physik ist die kleinste physikalische Dimension, die wir erkannt haben und über die wir daher reden können, jener Abstand, über den hinweg Elektronen noch auf die Anwesenheit subnuklearer Teilchen reagieren. Dieser nach unseren heutigen Kenntnissen der Physik kleinste Abstand in der Natur beträgt etwa ein Zehnbilliardstel eines Zentimeters. – Was nun, auf der anderen Seite, ist die größte von uns in der Schöpfung beobachtete Erstreckung des Raumes? Es ist dies der Durchmesser des Weltalls unter der Voraussetzung, daß das Weltall überhaupt endlich ist. An dieser Stelle möchte ich bekennen, daß ich jener Theorie den Vorzug gebe, die eine endliche Größe des Weltalls zum Inhalt hat. Diese Erstreckung beträgt etwa 15 Milliarden Lichtjahre, wobei man mich bitte nicht auf einen möglichen Fehler von etwa 5 oder sogar 10 Milliarden Lichtjahren festlegen darf.

Damit wir die kleinste physikalisch als sinnvoll erkannte Erstrekkung des Raumes maßstäblich in Beziehung bringen können zu der größten physikalisch sinnvollen Erstreckung, wollen wir auch die räumliche Dimension des Weltalls in Zentimetern ausdrücken. Das wird freilich eine gewaltige Zahl, die 28 Nullen hat. Nach dem europäischen Bezeichnungssystem großer Zahlen mit Billionen und Billiarden, Trillionen und Trilliarden müssen wir diese Zahl benennen als zehn Quadrilliarden Zentimeter. Die Spanne zwischen der kleinsten und größten physikalisch sinnvollen Raumerstreckung muß demnach mit einer Zahl bezeichnet werden, die 44 Nullen hat. Auch hierfür gibt es in der europäischen Ausdrucksformalität großer Zahlen einen Namen: hundert Septillionen. Bei einer mathematisch und physikalisch sinnvollen Unterscheidung einer solchen Zahl freilich darf man nicht rein mathematisch vorgehen und etwa sagen, daß die Mitte dieser Spanne bei etwa fünfzig Septillionen liegt. Damit haben wir ja nur die Zahl selbst halbiert. Wenn wir von einer Zahlenspanne dieser Art reden, dann müssen wir die Mitte dieser Spanne dort suchen, wo wir von Anfang und Ende dieser Dimension «gleich weit» entfernt sind. Diese Mitte liegt nach diesen Überlegungen bei einer Zahl, die 22 Nullen hat. Auch eine solche Zahl hat in unserer europäischen Bezeichnungsweise einen Namen. Es sind 10 Trilliarden. Damit ist eigentlich nur ausgedrückt, daß 10 Trilliarden eben 10 Trilliarden mal größer sind als eine Eins; sodann wird dadurch ausgesagt, daß 100 Septillionen 10 Trilliarden mal größer sind als 10 Trilliarden. Damit ist gesagt, daß die Mitte der räumlichen Erstreckung unseres Universums eine Länge bezeichnet, die 10 Trilliarden mal länger ist als diese winzige atomphysikalische Länge. Der Durchmesser des Universums ist auch wieder 10 Trilliarden mal größer.

Da diese Überlegungen für das, was wir jetzt noch hier und im nächsten Kapitel darlegen wollen, so wichtig sind, wollen wir das einmal in kleinere Zahlen übertragen, damit man es besser begreift. In diesem logarithmischen Maßstab, den wir hier benutzen, liegt die Zahl 16 in der Mitte zwischen den Zahlen 4 und 64. Die Zahl 16 ist nämlich viermal größer als die Zahl 4. Sodann ist die Zahl 64 viermal größer als die Zahl 16. In dieser logarithmischen Betrachtungsweise liegt also die Zahl 16 in der Mitte zwischen den Zahlen 4 und 64. So ist also die Mitte zu verstehen – nämlich durch Abstände der Multiplikation und nicht durch Abstände der Addition. In diesem Sinne ist die Zahl 16 viermal weiter von der Zahl 4 entfernt, und sie ist auch viermal weiter von der Zahl 64 entfernt. Nachdem wir uns über diesen Maßstab geeinigt haben, wollen wir jetzt einmal die Raumempfindungen, die unsere Sinnesorgane erfassen, im Rahmen der Dimension der Schöpfung betrachten.

Wir gehen davon aus, daß der Mensch naturgemäß stets seine eigenen Körpermaße als Maßstab benutzt hat. Es ist ja immer schon gesagt worden, daß der Mensch das Maß aller Dinge ist. So sind die ältesten Maßeinheiten eng mit unserer Körpergröße verknüpft. Wir

alle kennen die Länge einer Spanne, des Fußes und einer Elle. Damit sind anatomische Dimensionen unseres Körpers gemeint. Um vielleicht einen durchschnittlichen Maßstab zu gewinnen, wollen wir einmal eine uns völlig verständliche Länge benutzen, nämlich die eines Meters. Das entspricht in etwa der Länge unserer Gliedmaßen, die uns durch unsere Sinnesorgane absolut vertraut sind. Mit diesem Einheitsmaß des Meters wollen wir jetzt einmal die kleinste uns sinnlich zugängliche Dimension des Raumes vergleichen. Das ist jenes Stäubchen im Auge, das ein dreißigstel Millimeter mißt. Es ist dreißigtausendmal kleiner als dieser Grundmaßstab von der Länge eines Meters, den wir unserer Körpergröße entnehmen. Sodann habe ich zuvor davon gesprochen, daß die durchschnittliche Horizontweite, die wir noch sinnlich wahrnehmen und uns echt vorstellen können, etwa dreißig Kilometer beträgt. Diese Strecke ist auch wieder dreißigtausendmal größer als jener Meter, den wir als Grundmaßstab für unsere eigene Körpergröße angenommen haben. Daß diese beiden Zahlen so erstaunlich zusammenpassen, sollte uns eigentlich nicht wundern. Es ist sinnvoll, wenn wir feststellen, daß wir mit unseren Sinnesempfindungen ziemlich genau gleich weit in das Kleine und in das Große hinein- und hinausgreifen können. (Von der hundertmal größeren Reichweite bis auf 300 Kilometer im Erleben eines Astronauten wollen wir absehen.) Jetzt verstehen wir auch den Sinn, weshalb wir Dimensionen, um sie zu begreifen, nicht addieren, sondern multiplizieren müssen. Die Grenzen liegen etwa bei dreißigtausendmal Kleinerem – dem Staubkörnchen in unserem Auge – und dreißigtausendmal Größerem, der Entfernung bis zum fernsten Berg am Horizont, den wir noch sehen können. Mit unserer Vorstellungskraft über die Dimensionen des Raumes stehen wir demnach mit unserer Körpergröße erstaunlich genau in der Mitte.
Wie aber ordnen sich diese Dimensionen in unserer Vorstellungskraft ein in jene ungeheuren Dimensionen der Schöpfung von der Kernphysik bis zu den Grenzen des Weltalls?
Dazu möchte ich ein Schema über die Erstreckung der räumlichen Dimensionen aufstellen, die wir bisher in der Natur erkannt haben. Ein solches Schema hat 44 Stufen, entsprechend den 44 Nullen der Riesenzahl, die wir vorhin genannt haben. Wir müssen uns dabei im klaren sein, daß sich längs dieser Skala die Dimensionen von Schritt zu Schritt jeweils verzehnfachen. Ganz links steht die Zahl 1, mit der kleinsten heute als physikalisch sinnvoll erkannten Raumdi-

mension, die für physikalische Vorgänge im subnuklearen Bereich noch gültig ist. Ganz rechts bei der Zahl 44 steht der Durchmesser des Weltalls.

Unsere Körpergröße liegt in der Station 18, das heißt nicht in der Mitte zwischen dem Mikrokosmos und dem Makrokosmos. Nein, es ist sogar so, daß wir den kleinsten Dimensionen des Mikrokosmos etwa hundert Millionen mal näher stehen als den größten Dimensionen des Makrokosmos. Auch die Breite unseres Vorstellungsvermögens ist in dem Schema eingetragen. Sie reicht von den Stationen 13,5 – das entspricht dem Stäubchen im Auge – und gleich weit vom Mittelpunkt bis zur Station 22,5; das entspricht der Weite unseres sichtbaren und hörbaren Horizonts. Ein Astronaut schafft es wohl bis zur Station 24,5. Unser Vorstellungsvermögen umfaßt damit immerhin einen ansehnlichen Bereich, da nämlich die größte noch vorstellbare Erstreckung immerhin eine Milliarde mal – und für einen Astronauten hundert Milliarden mal – größer ist als die kleinste. Im Rahmen des Gesamtbereiches der Schöpfung im Räumlichen schrumpft der Umfang unserer Vorstellungskraft jedoch zu einem völlig unvorstellbar kleinen Betrag zusammen.

Zwei Schlüsse also müssen uns nachdenklich stimmen. Bei unseren Begriffen über die Dimensionen liegen wir mit unseren Sinnesempfindungen und mit unserer Vorstellungskraft nicht nur sehr weit von der Mitte entfernt, nein, sie umfassen auch nur einen winzigen Bereich der Schöpfung.

So dürfen wir uns auch nicht darüber wundern, daß wir die räumlichen Dimensionen der Schöpfung nicht begreifen. Wir sind wirklich Gefangene in dem winzigen Raum unserer Vorstellungskraft.

Nun kommen wir zur Kategorie der Zeit, und auch dort warten ähnlich groteske Überraschungen auf uns.

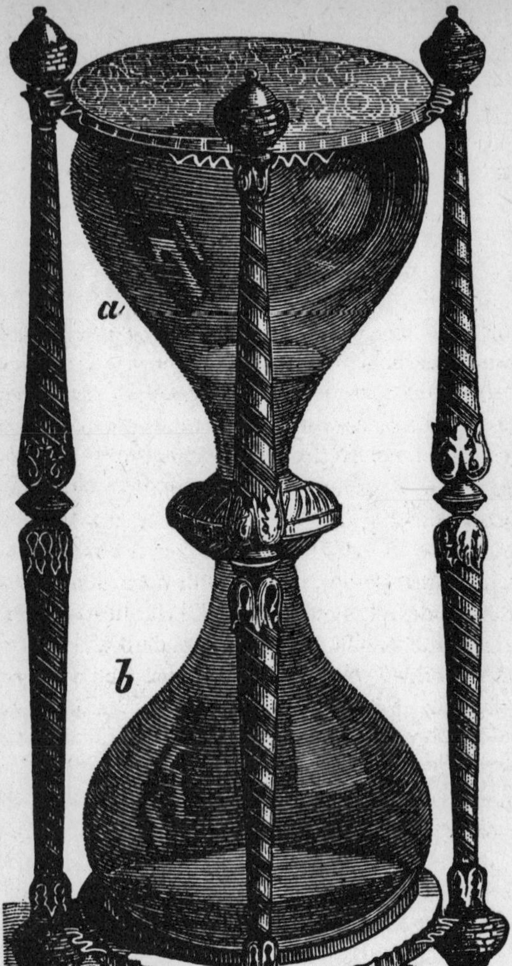

Sinnbild der sichtbar verrinnenden Zeit: eine Sanduhr aus dem 13. Jahrhundert.

Kapitel III

Zeit

Wir Menschen leben in der Zeit. Was ist eigentlich die Zeit? Über das Wesen der Zeit haben sich Philosophen von Aristoteles bis Kant und Naturforscher von Newton bis Einstein ihre Gedanken gemacht. Das Ergebnis dieser jahrtausendelangen Bemühungen, das Wesen der Zeit zu deuten, ist eigentlich recht bescheiden. Im Rahmen seiner Relativitätstheorie hat Einstein eine schlichte Definition der Zeit gegeben. Nach ihm gibt uns die Zeit einen Maßstab, in dem wir die Ereignisse vor- und hintereinander anordnen können. Auch hat Einstein einmal gesagt, als man ihn nach dem Wesen der Zeit fragte: «Zeit ist das, was man an der Uhr abliest.» Aber so klug ist das eigentlich auch nicht, wenn man bedenkt, daß wir das ja alle wissen. Der schönste Ausspruch über die Zeit stammt wohl von dem Kirchenvater Augustinus. Er sagte: «Was aber ist die Zeit? Werde ich danach gefragt, so weiß ich es. Will ich es aber dem Frager erklären, so weiß ich es nicht.»

Wenn uns auch die Zeit als Begriff um so flüchtiger erscheint, je mehr wir über sie nachdenken, so haben wir sie dennoch als Physiker hervorragend im Griff. Wir sind nämlich imstande, diese offenbar in einer Richtung stets fortschreitende Wesenheit mit einer erstaunlichen Genauigkeit zu messen.

Der Begriff der Zeit enthält zwei in sich deutlich zu unterscheidende Begriffe: erstens den Zeitpunkt und zweitens die Zeitdauer. So wird beispielsweise für die Physiker und Astronomen überhaupt kein Zweifel darüber herrschen, zu welchem Zeitpunkt dieses Jahrhundert und damit auch dieses Jahrtausend zu Ende gehen wird. «Am 31. Dezember des Jahres 2000 um 24 Uhr.» (Das stimmt, wenn Sie es durchdenken, werden Sie feststellen, daß das Jahrhundert und das Jahrtausend nicht etwa am 31. Dezember um Mitternacht des Jahres 1999 enden.)

Ein Zeitpunkt markiert lediglich einen unendlich fein gedachten Schnitt im Laufe der Zeit, der schon deswegen gedanklich eine Utopie ist, da man ihn nicht festhalten kann. Die Zeit läuft ja weiter. Abstände zwischen zwei Zeitpunkten nennt man einen Zeitraum. Wenn wir von der Zeit sprechen, so denken wir eigentlich meist an diese Zeiträume. Die Genauigkeit, mit der man Zeiträume heute zu messen vermag, hängt nur von dem Stand unserer Technik ab, mit der wir Ereignisse in der Zeitskala festlegen können. Auf diesem Gebiet haben die Physiker in den letzten fünfzig Jahren Fortschritte gemacht, die man geradezu als phantastisch bezeichnen kann. Wir sind heute ohne weiteres imstande, so winzige und so riesige Zeiträume zu messen, daß sie unserem Vorstellungsvermögen völlig entzogen sind. Milliardstel von Sekunden gehören zu den Maßstäben des modernen Physikers mit der gleichen Selbstverständlichkeit, mit der der Astronom mit Milliarden von Jahren umgeht. Was die Naturforscher an der Zeit fasziniert, sind Zeiträume, das heißt die grundlegenden Dimensionen des Zeitgefüges.
Bevor wir in die nun folgenden Betrachtungen einsteigen, müssen wir uns darüber im klaren sein, daß die Einheit unseres Zeitmaßstabes, nämlich die Sekunde, einen völlig provinziellen Charakter hat. Sie ist dadurch gegeben, daß nach Übereinkunft unsere Erde im Schnitt 86400 Sekunden benötigt, um sich relativ zur Sonne einmal um ihre Achse zu drehen. Mehr als diese Aussage enthält der Begriff unserer Sekunde nicht. Intelligente Wesen, die vielleicht auf anderen Planeten im Weltall existieren, haben bestimmt ihre eigenen Zeiteinheiten geschaffen, und die Frage ist lediglich, in welchem Verhältnis der Maßstab der Zeit jener Wesen zu unserer Sekunde zu bemessen ist. Am Wesen der Zeit und an der Tatsache ihrer Meßbarkeit ändert das überhaupt nichts, und unsere Sekunde ist genauso tauglich wie jede andere Zeiteinheit, die vielleicht andere intelligente Wesen im Weltall gewählt haben.
Genauso wie zuvor bei der Betrachtung über die Sinnesempfindungen, die uns über räumliche Erstreckungen informieren, möchte ich auch hier wieder über die Grenzen des menschlichen Zeitsinnes reden. Dabei müssen wir uns allerdings im klaren darüber sein, daß es den Physiologen bisher noch nicht gelungen ist, in unserem Körper einen echten Zeitsinn zu entdecken. Für ein Sinnesorgan im klassischen Sinne bedarf es ja anatomisch feststellbarer Empfangsorgane im Körper, die auf einen äußeren Reiz reagieren, dement-

sprechend nervöse Impulse in das Gehirn leiten, um uns dabei eine ganz bestimmte Modalität ins Bewußtsein zu bringen. Wir haben in unserem Körper kein solch anatomisch nachweisbares Organ, das etwa den Ablauf der Zeit mißt und uns durch nervöse Impulse im Gehirn zum Bewußtsein bringt. Das ist ja auch nach der chemisch-physikalischen Struktur der Körper von Lebewesen gar nicht vorstellbar. Wie soll sich denn die Zeit physikalisch oder chemisch bemerkbar machen, es sei denn durch das regelmäßige Ticken einer Uhr?

Dennoch gibt es so etwas wie einen Zeitsinn, obwohl wir damit den Rahmen für die Beschreibung eines Körpersinns sprengen. Wir haben ein deutliches Gefühl dafür, wenn vier oder sechs Stunden vergangen sind. Einfach deshalb, weil wir dann für die nächste Mahlzeit wieder Appetit haben. Die Vorgänge der Verdauung und die Zeitrate, mit der wir mit unseren körperlichen Funktionen Energie verbrauchen, laufen etwa in diesem Rhythmus ab. Freilich sind diese Vorgänge recht langsam, und es gibt andere physiologische Vorgänge in unserem Körper, die weit schneller ablaufen, wie etwa die Weitergabe eines Reizes in unseren Nerven. Die Geschwindigkeit der Nervenleitung beträgt etwa hundert Meter pro Sekunde. Da unsere Körpergröße nach Metern zu bemessen ist, benötigt demnach ein Nervenreiz eine fünfzigstel Sekunde, um den Dimensionen unseres Körpers entlangzulaufen.

Das ist auch etwa die kleinste Zeitspanne, die wir mit unseren Sinnesorganen bewußt noch unterscheiden, das heißt erleben können. Wenn wir unser Auge mit 50 Lichtblitzen pro Sekunde reizen, so kann es die einzelnen Lichtstöße nicht mehr unterscheiden, und man hat den Eindruck eines konstant brennenden Lichtes. Ja sogar

Einordnung des Umfangs der menschlichen Vorstellungskraft in den Bereich der Zeit. Die Grenzen der Schöpfung sind gekennzeichnet durch den minimalsten Zeitraum und durch das Weltalter. Die zeitliche Spanne der Schöpfung ist in 44 Stationen unterteilt, wobei jede Station eine Zeitdauer kennzeichnet, die zehnmal länger ist als die vorangegangene. Die Dimensionsspanne der Zeit der Schöpfung umfaßt daher einen Bereich von 1 zu hundert Septillionen. Nur ein kleiner Bereich mit einer Spanne von 1 zu 100 Milliarden umfaßt dabei die Spanne der zeitlichen Vorstellungskraft. Diese liegt außerdem noch nicht etwa in der Mitte der zeitlichen Erstreckung der Schöpfung, sondern um das 300millionenfache in Richtung auf die großen Zeitdimensionen verschoben.

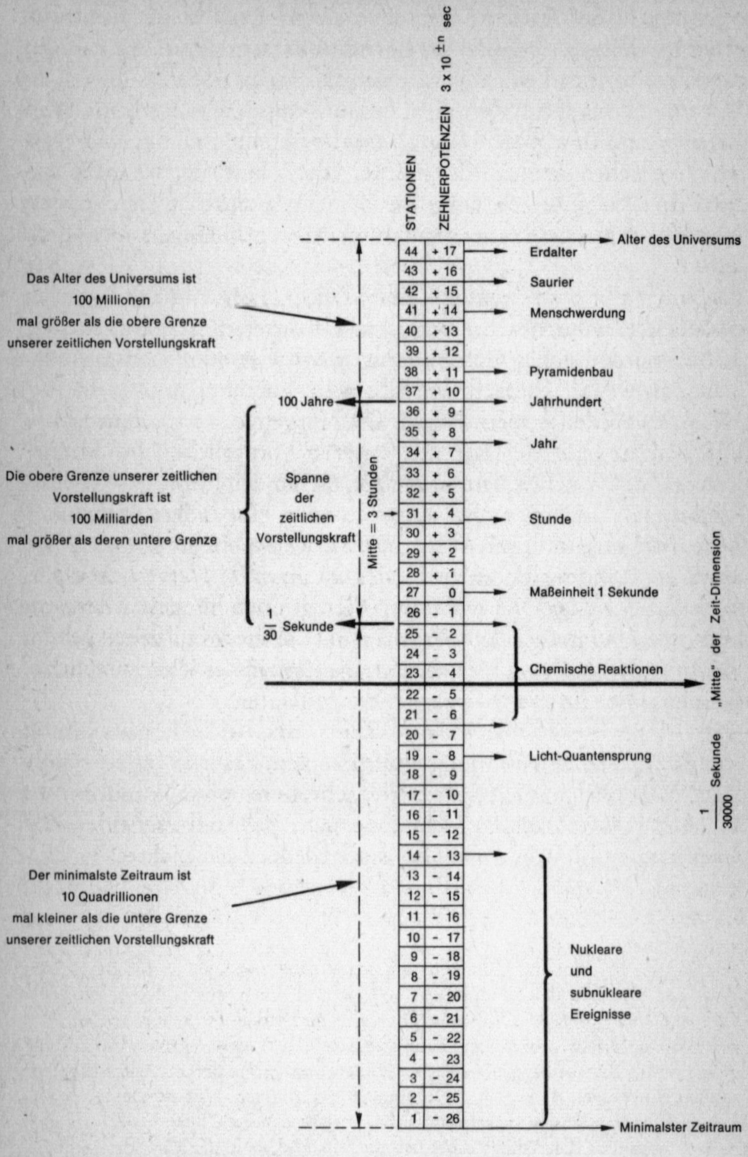
STATIONEN
ZEHNERPOTENZEN $3 \times 10^{\pm n}$ sec
44 +17
43 +16
42 +15
41 +14
40 +13
39 +12
38 +11
37 +10
36 +9
35 +8
34 +7
33 +6
32 +5
31 +4
30 +3
29 +2
28 +1
27 0
26 -1
25 -2
24 -3
23 -4
22 -5
21 -6
20 -7
19 -8
18 -9
17 -10
16 -11
15 -12
14 -13
13 -14
12 -15
11 -16
10 -17
9 -18
8 -19
7 -20
6 -21
5 -22
4 -23
3 -24
2 -25
1 -26
Alter des Universums
Erdalter
Saurier
Menschwerdung
Pyramidenbau
Jahrhundert
Jahr
Stunde
Maßeinheit 1 Sekunde
Chemische Reaktionen
Licht-Quantensprung
Nukleare und subnukleare Ereignisse
Minimalster Zeitraum
$\frac{1}{30000}$ Sekunde „Mitte" der Zeit-Dimension
Das Alter des Universums ist 100 Millionen mal größer als die obere Grenze unserer zeitlichen Vorstellungskraft
100 Jahre
Die obere Grenze unserer zeitlichen Vorstellungskraft ist 100 Milliarden mal größer als deren untere Grenze
Spanne der zeitlichen Vorstellungskraft
Mitte = 3 Stunden
$\frac{1}{30}$ Sekunde
Der minimalste Zeitraum ist 10 Quadrillionen mal kleiner als die untere Grenze unserer zeitlichen Vorstellungskraft

bei 25 optischen Eindrücken pro Sekunde entsteht der Eindruck einer Kontinuität. Deshalb gibt es ein Kino, das uns mit 25 Bildern pro Sekunde die Illusion eines ständigen Vorganges erzeugt.
Der längste uns vorstellbare Zeitraum entspricht etwa unserem Lebensalter. Das heißt, ein Jahrhundert können wir uns in etwa noch vorstellen. Der Zeitraum eines Jahrtausends beginnt in unserer Vorstellung bereits etwas zu verschwimmen. Wenn wir den Korridor der Geschichte entlangblicken, so machen wir uns selten klar, daß in der Dimension der Zeit ein Aristoteles achtmal weiter von uns entfernt ist als ein Galilei. Unser Zeitgefühl ist demnach eingefangen in dem Käfig, der durch die Geschwindigkeit der schnellsten physiologischen Vorgänge und durch die Alterungsprozesse in unserem Körper begrenzt wird.
Wenn wir also auch einen Zeitsinn in unserem Körper, repräsentiert durch eigene Empfangsorgane und nervöse Verbindungen zum Gehirn, nicht feststellen können, so haben wir dennoch ein «Gefühl» für die Zeit. Ein Physiologe kann nur den Schluß ziehen, daß dieses Zeitgefühl eingebaut ist in unser Zentralnervensystem, das uns Auskunft gibt über die jeweils verstrichene Zeit. Wie ich schon sagte, muß dieses Zeitgefühl, das wir vielleicht doch als einen Zeitsinn bezeichnen können, vorhanden sein und uns die Möglichkeit geben, uns in unserem Bewußtsein in der Dimension der Zeit zurechtzufinden.
Dieser Zeitsinn freilich hat nicht die Präzision wie unsere anderen Sinne. Man hat interessante Versuche angestellt, bei denen Versuchspersonen in einem Labor allein gelassen wurden und jeweils angeben sollten, wann fünf Minuten, zehn Minuten oder eine halbe Stunde vergangen waren. Es ist erstaunlich, daß bei der Abschätzung des Zeitverlaufes bei diesen Versuchspersonen die Fehler im Schnitt immerhin unter zehn Prozent lagen. Dennoch ist unser Zeitgefühl sehr relativ. Wenn ein Zahnarzt uns eine Minute lang im Zahn herumbohrt, so erscheint uns die Länge dieser Minute sehr viel größer, als wenn man eine Minute lang mit seiner Geliebten schmust. Aus diesem Grunde liegt der Schluß nahe, daß unser Zeitgefühl zwar sehr stark somatisiert ist, dennoch aber in seinem Wesen im Zentrum unseres Gehirns verankert ist. So müssen wir uns durchaus die Frage stellen, ob das Zeitgefühl einen rein menschlichen Charakter hat und sich nur mit unserer Intelligenz entwikkelte.

Ob Tiere ein Zeitgefühl haben, wissen wir, wie schon gesagt, nicht. Tiere wachen und schlafen im Rhythmus von Tag und Nacht. Wir wissen, daß die Zugvögel während bestimmter Tage im Herbst ihren Flug nach dem Süden antreten. Es gibt erstaunliche Anpassung in der Tierwelt an den Lauf der Zeit. Ob sich dabei allerdings Tiere des echten Wesens der Zeit bewußt sind, das werden wir wohl nie wissen. Es könnte durchaus sein, daß das, was wir Zeitgefühl nennen, ganz eng an die Erscheinung der menschlichen Intelligenz gebunden ist und daß nur wir ein echtes Zeitgefühl haben. Im Rahmen dieser Betrachtung jedoch interessiert uns wiederum die Dimension der Spanne, innerhalb der unserem Bewußtsein möglich ist, einen Zeitablauf zu empfinden und damit einen Zeitbegriff zu schaffen. Diese Spanne haben wir schon abgesteckt. Sie reicht von etwa einer dreißigstel Sekunde bis zu etwa hundert Jahren. Die Empfangsorgane unserer Sinne – im Auge, im Ohr oder der Tastsinn der Haut – benötigen etwa eine dreißigstel Sekunde, um sich chemisch für die Aufnahme und Weiterleitung des nächsten Reizes bereitzustellen. Wir haben ja zuvor schon von dem Kartenhaus und von der Zündschnur gesprochen. Das ist auch der Grund, weshalb wir uns von einem Zeitraum, der wesentlich kleiner ist als eine dreißigstel Sekunde, keine rechte Vorstellung machen können. Unsere Vorstellungskraft über die längsten Zeiten hängen natürlich auch wieder mit unserer Erlebensfähigkeit zusammen. Obwohl nur wenige von uns das biblische Alter von hundert Jahren erreichen, liegt die Grenze der echten menschlichen Vorstellungskraft von einer Zeitdauer bei etwa einem Jahrhundert.
Diese Gitterstäbe, die unser Vorstellungsvermögen über die Zeit beschränken, dürfen uns als Forscher allerdings nicht dazu veranlassen, gewisse Naturvorgänge als unvorstellbar und damit als unmöglich auszuschließen. Das kann man verschiedenen Kritikern der Darwinschen Lehre vorwerfen. Im Sinne von Darwin darf man annehmen, daß der Ursprung des Lebens und seiner Hochentwicklung auf der Erde in einem zufälligen Zusammenfinden biochemischer Substanzen zu erblicken ist.
Jene Kritiker sagen nun: Es ist schlechterdings unvorstellbar, daß sich etwa die ersten Lebenssubstanzen von der Art primitiver, reproduktionsfähiger Ketten von Aminosäuren zusammenfanden und daß schließlich so etwas wie ein Adlerauge und gar ein Menschenhirn sich durch das freie Spiel der biochemischen Kräfte «von

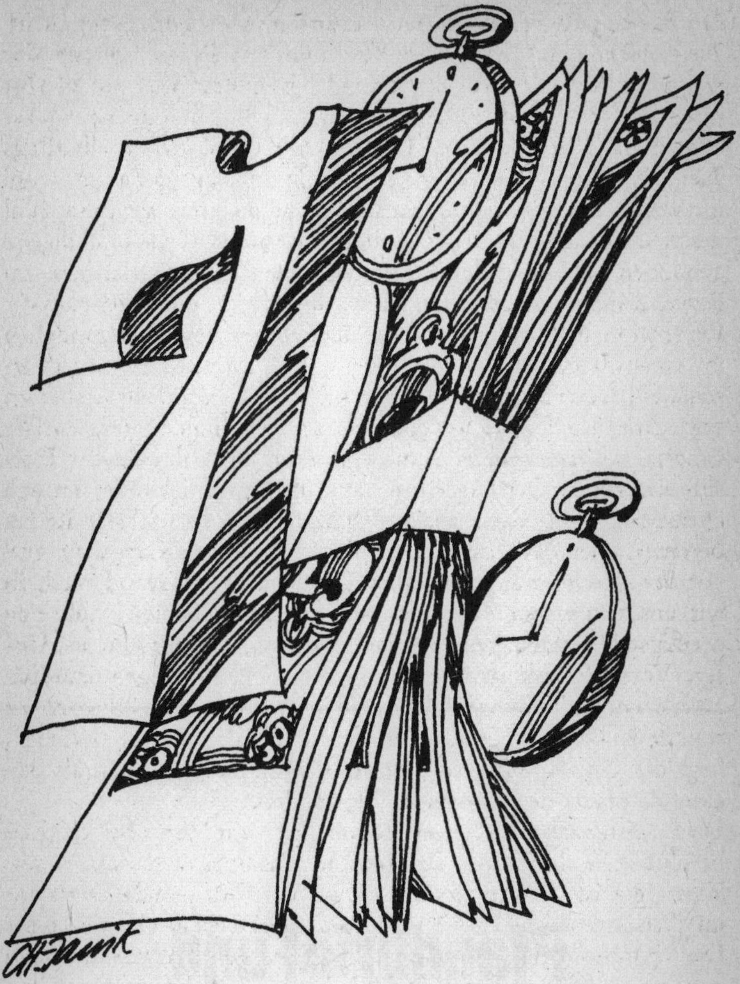

Daß Zeit Geld sei . . .

... verstehen wir Eiligen immer nur so, daß es uns Geld kostet, wenn wir Zeit verlieren. Typisch für unsere Ungeduld. Dabei läßt die Franklin-Formel «Zeit ist Geld» sich auch genau umgekehrt deuten: Es bringt uns Geld, wenn wir nur Zeit haben. Das ist das ganze Geheimnis der Kapitalbildung durch Zins und Zinseszins. Ein Tausender, zu sieben Prozent als Pfandbrief angelegt, wächst anfangs recht gemütlich, nach und nach aber immer schneller, in den ersten fünf Jahren um 404 Mark, im nächsten Jahrfünft um 572, in weiteren fünf Jahren um weitere 802, danach schon um 1131 Mark und ist so in zwanzig Jahren auf 3909 gewachsen, und er wächst immer so weiter und immer schneller, wenn wir nur Zeit haben zu warten.

selbst» entwickelt hätten. Es ist wohl richtig, daß man solche Ereignisse während der Dauer eines Menschenlebens, ja sogar von Millionen von Menschenleben nicht erwarten kann. Der Amerikaner hat eine Redeweise: «Never in a million years.» Eine Milliarde Jahre ist schon etwas anderes. Da kann manches passieren. Die ersten zwei Milliarden Jahre haben offenbar für die Entwicklung des Lebens auf unserer Erde nicht gereicht – dann aber ist es doch passiert: eben die Entstehung des Lebens und die Fortentwicklung bis zum *homo sapiens.*

Der Zweifler an der Potenz der Darwinschen Kräfte kann sich so etwas nur deswegen nicht vorstellen, weil er sich den Zeitraum von ein paar Milliarden Jahren nicht vorstellen kann. Es ist eben so: Die wichtigste Zutat im Rezept des Lebens ist die Zeit.

Eine überaus interessante psychologische Tatsache in unserem Zeitgefühl besteht darin, daß der Lauf der Zeit mit steigendem Alter sich unerhört beschleunigt. Ein amerikanischer Psychologe hat einmal einer größeren Zahl von Versuchspersonen die Aufgabe gestellt, den Ort der Ereignisse in ihrem Leben längs eines Lineals aufzuzeichnen. Übereinstimmend hat er dabei festgestellt, daß ein Mensch die Mitte seines Lebens etwa auf das 18. Lebensjahr fixiert. Gleichgültig, ob ein Mensch 40, 50 oder 70 Jahre alt ist – die ersten 18 Jahre seines Lebens erscheinen ihm genauso lang wie der Rest seines Lebens. Daher kommt es, daß nur ältere Menschen, wenn sie sich nach längerer Zeit wiedertreffen, sich gegenseitig auf die Schulter schlagen, mit den Worten: «Herrgott, wie die Zeit vergeht.» Das Kind und der Teenager haben noch kein rechtes Zeitgefühl, soweit es den Zeitmaßstab des Lebens betrifft. Erst als älterer Mensch empfindet man diese erschreckende Zentrifugalkraft der Zeitschleuder. Vielleicht liegt in diesem gnadenvollen Mangel an Zeitgefühl die Glückseligkeit der Kindheit.

Die Grenzen unserer Zeitvorstellung wollen wir jetzt auch wiederum in Beziehung setzen zu den Zeitdauern, die wir mit unserer modernen Physik und Astronomie in der Schöpfung als sinnvoll nachweisen können.

Was ist denn wohl in den Augen der modernen Physik der kleinste Zeitraum, der naturwissenschaftlich einen Sinn hat? An dieser Stelle denkt man sofort an die kleinste räumliche Dimension, die wir in der Natur verwirklicht sehen; den Durchmesser der kleinsten Teilchen der Materie, der sogenannten Elementarteilchen. Jüngste Forschungen im Atomkernbereich lassen vermuten, daß Elektronen auf die Kraftwirkungen von subnuklearen Teilchen noch über die winzige Entfernung von einem zehnbilliardstel Zentimeter hinweg reagieren. Das ist also die kleinste physikalisch sinnvolle Erstrekkung des Raumes, wie ich zuvor ja schon angedeutet habe. Sodann fragen wir nach der größten Geschwindigkeit, welche uns die Natur anbietet. Das ist die Lichtgeschwindigkeit. Sie beträgt 30 Milliarden Zentimeter pro Sekunde. Der kleinste physikalisch sinnvoll vorstellbare Zeitraum ist also dadurch gegeben, wenn wir danach fragen, wie lange benötigt ein Lichtstrahl, die kleinste physikalisch sinnvoll vorstellbare Strecke zurückzulegen? Dieser kleinste Zeitraum muß beschrieben werden mit einer Zahl, die 27 Nullen hätte, wenn wir uns auf unseren menschlichen Zeitmaßstab der Sekunde beziehen. Für solch eine Zahl gibt es nun sehr ausgefallene Bezeichnungen: Die kleinste physikalisch sinnvoll vorstellbare Zeiteinheit beträgt demnach eine quadrilliardstel Sekunde. Da wir diesen Zeitraum im folgenden noch benutzen wollen, geben wir ihm einen Namen: Wir nennen ihn den minimalsten Zeitraum, abgekürzt «MZR».

Was ist nun wohl der längste physikalisch-astronomisch sinnvoll vorstellbare Zeitraum? Es ist dies wohl das Alter des Universums. Es ist erstaunlich, daß es uns gelungen ist, diesen riesigen Zeitraum abzuschätzen.

Bevor wir das Alter des Weltalls angeben, möchten wir auch gleich die Zukunft miteinschließen. Die moderne Astronomie hat uns nämlich gelehrt, daß das beobachtbare Universum vermutlich vor etwa 10 Milliarden Jahren begonnen hat, daß es sich an den Grenzen mit fast Lichtgeschwindigkeit ausdehnt und dann zum Stillstand kommen wird. Dann stürzt die gesamte Materie und Energie des Weltalls wieder in sich zusammen, so daß ein Pulsschlag der Schöpfung nach heutigen Schätzungen etwa 30 Milliarden Jahre dauert.

Zwischen dem kleinsten Zeitraum, dem MZR, und dem Weltall besteht also eine ungeheure Erstreckung. Um es in unseren Zeitmaßstäben auszudrücken, besteht zwischen diesen beiden Grenzen eine gewaltig große Spanne: Ein Weltalter ist demnach hundert Septillionen mal länger als ein MZR. Das ist eine Zahl mit 44 Nullen. Diese Zahl mit dem exotischen Namen kennen wir doch schon vom vorangegangenen Kapitel. Auch bei den Grenzen in der Erstrekkung des physikalisch-astronomischen Raumes hatten wir festge-

stellt, daß die größte sinnvolle Erstreckung in der Schöpfung hundert Septillionen mal größer ist als die kleinste. Es stimmt nachdenklich, daß das Verhältnis zwischen der kleinsten und größten Zeit genauso groß ist wie das Verhältnis zwischen dem kleinsten und größten Raum. So erstaunlich dieses Ergebnis ist, so darf es uns eigentlich nicht verwundern, da ja diese Verhältnisse zwischen dem Größten und dem Kleinsten in Raum und Zeit durch die Lichtgeschwindigkeit eng verknüpft sind. Was uns hier interessiert, ist die Einordnung unserer Vorstellungskraft über den Raum und über die Zeit innerhalb dieser gewaltigen Dimensionsskalen.
Wiederum wollen wir die von der Schöpfung geschaffene Skala der Zeiträume längs eines Maßstabs aufzeichnen. Wir haben gesehen, daß eine solche Skala für den Raum 44 Stufen hatte, wobei sich jeweils die Länge von Stufe zu Stufe um das Zehnfache vergrößerte. Dasselbe wollen wir jetzt mit der Zeit tun. Genauso wie zuvor wollen wir auch hier wieder den Ort unserer Zeitvorstellung und die Spannweite unserer Vorstellungskraft über die Zeitdimension eintragen. Beim Raummaßstab (siehe die Abbildung auf Seite 54) haben wir den Meter des repräsentativen Maßstabs unserer Körpergröße bei der Zahl 18 eingesetzt. Was nun sollen wir mit der Zeit tun? Sollen wir die Zeitdauer einer Sekunde als typisch ansehen für einen mittleren Wert unseres Zeitgefühls? Gewiß, es gibt Erlebnisse, die nur eine Sekunde lang dauern. Umgekehrt fassen wir auch eine Urlaubszeit von drei Wochen als ein zeitlich in sich geschlossenes Erlebnis zusammen. Worauf ich an dieser Stelle natürlich hinaus will, ist die Frage, was der Entfernungseinheit von einem Meter in der Zeitdimension in unserer Empfindung in etwa entspricht. Ich glaube, daß die Länge einer Sekunde nicht von ungefähr kommt. Dieser Zeitmaßstab ist nämlich schon uralt, und er entspricht etwa der Zeitdauer, die wir für eine spontane Reaktion und für eine typische Körperbewegung, wie etwa einen Schritt oder eine Geste, benötigen. An dieser Stelle wird uns wieder ganz deutlich, wie schwer es ist, völlig verschiedene Sinnesmodalitäten maßstäblich zu vergleichen. Vielleicht werden viele Leser mir nicht zustimmen – ich möchte jedoch die Zeitdauer einer Sekunde gleichsetzen einer räumlichen Erstreckung von einem Meter. In der Physik sind die beiden Dimensionen Raum und Zeit durch den Begriff der Geschwindigkeit verbunden, und es ist eine körperlich sehr sinnvolle, das heißt echt vorstellbare Bewegung, wenn ich mit einer Geste

meines Armes in einer Sekunde meine Hand über die Strecke eines Meters hinwegziehe.

Vielleicht ist diese Wahl auch gar nicht so schlecht, wenn wir bedenken, daß die Geschwindigkeit von einem Meter pro Sekunde einer normalen, bequemen Gehgeschwindigkeit entspricht, das heißt nämlich dreieinhalb Kilometer in der Stunde. Dabei verknüpfen sich in unserer Erfahrung die Bewußtseinsinhalte von Raum und Zeit.

Nachdem wir nun den Zeitraum einer Sekunde als eine sinnvolle und bewußtwerdende Maßeinheit gewählt haben, wollen wir sie in unserem Schema des kosmischen Zeitgefühls einordnen. So stellen wir fest, daß sie bei der Station 27 liegt, das heißt, ähnlich wie beim Raum, wiederum von der Mitte entfernt, diesmal sogar noch um einen wesentlich größeren Betrag und auch nach der anderen Seite verschoben. Im Maßstab der Zeiträume, die wir in der Schöpfung verwirklicht sehen, liegt die Mitte zwischen dem MZR und dem Weltalter bei einer dreißigtausendstel Sekunde. Das ist geradezu unglaublich, wenn man bedenkt, daß dieser unvorstellbar kleine Zeitraum von einer dreißigtausendstel Sekunde von dem kleinsten Zeitraum in der Natur genauso weit entfernt ist wie vom Alter der Welt. Der uns verfügbare Bereich, in dem wir uns Zeiträume vorstellen können, reicht von einer dreißigstel Sekunde bis zu etwa hundert Jahren. In unserer Zeitskala (siehe die Abbildung auf Seite 74) umklammern wir damit die Bereiche von den Stationen 25,5 bis 36,5. Der größte uns vorstellbare Zeitraum ist daher etwa hundert Milliarden mal länger als der kleinste. In diesen Dimensionen gesehen, ist unser Zeitgefühl etwa hundertmal breiter als unser Raumgefühl. Nur bei einem Astronauten sind die Spannen gleich groß: 1 zu 100 Milliarden.

Das interessante Ergebnis der Überlegungen aus dem vorigen Kapitel und aus diesem ist die Tatsache, daß wir mit unseren Empfindungen über Raum und Zeit jeweils nicht in der Mitte der Schöpfung liegen. Was den Raum angeht, so sind wir um einige Größenordnungen zu klein, so daß wir mit unserem Raumempfinden das Wesen des Raumes mit besonders großer Feinheit begreifen. Da für uns ein zehntel Millimeter durchaus noch ein Begriff ist, sind wir imstande, einen wirklich sehr kleinen Bruchteil der räumlichen Erstreckung der Schöpfung noch zu erfassen. Bei der Zeit ist es gerade umgekehrt. Die allerschnellsten atomaren Vorgänge laufen so unerhört schnell ab, daß ihnen gegenüber unser Zeitgefühl sehr grob ist. Während der Dauer von einer dreißigstel Sekunde ereignen sich im Weltall im atomaren Bereich so ungeheuer viele kurzzeitige Ereignisse, für deren Unterscheidung wir überhaupt kein Vorstellungsvermögen haben.

Dies Auseinanderklaffen unserer Vorstellungswelten im natürlichen Gefüge des Raumes und der Zeit im Universum ist vielleicht auch der Grund, weshalb uns eine echte Einsicht in das Wesen der Schöpfung versperrt ist. Räumlich gesehen sind wir zu klein, und zeitlich gesehen sind wir viel zu langlebig. Der Raum, den unser Körper beansprucht, liegt sehr viel näher dem Bereich der Atome als dem Bereich der Milchstraßen. Der Zeitraum, den unser Leben beansprucht, liegt sehr viel mehr an der Zeitdauer des Universums als an den zeitlichen Vorgängen in der Welt der Atome. Wären wir als Menschen in der räumlichen und zeitlichen Struktur der Schöpfung zentral angeordnet, so müßten wir eine Körpergröße von etwa einem Kilometer haben und eine Lebensdauer von etwa drei Stunden. Diese Ergebnisse sind wirklich grotesk und zeigen, daß wir in der Dimension der Schöpfung in Raum und Zeit sehr ausgefallene und vor allen Dingen überhaupt nicht symmetrische Positionen einnehmen.

An dieser Stelle sollten wir die beiden grafischen Darstellungen auf den Seiten 54 und 74 noch einmal ansehen und miteinander vergleichen. Wir hatten ja schon gesehen, daß ihre Spanne jeweils 44 Zehnerpotenzen beträgt, jenes ungeheure Verhältnis von 1 zu 100 Septillionen. Den Mitten, jeweils bei den Stationen 22, entsprechen die Länge von 10 Kilometern und die Dauer von einer dreißigtausendstel Sekunde. Dabei bezogen wir uns auf die physikalischen Grundeinheiten von Zentimeter und Sekunde, die wir ja in beiden Grafiken der Zehnerpotenz «Null» zugeordnet haben. Das Verhältnis der Mittelwerte in den Dimensionen Raum und Zeit im Rahmen der Schöpfung entspricht nun 300000 Kilometer pro Sekunde. Das ist die Lichtgeschwindigkeit.

Um zu zeigen, wie grotesk die Bereiche unserer Vorstellungskraft in Raum und Zeit auseinanderklaffen, möchte ich noch ein Beispiel geben. Wir alle kennen doch die Geste, wenn man das Zeichen des Kreuzes schlägt. Wir bewegen dabei die Hand über eine Entfernung von etwa einem Meter, und diese Geste dauert etwa eine Sekunde. Wenn die absoluten Dimensionen dieser Geste den natürlichen

Maßstäben nach räumlich und zeitlich zusammenpassen sollten, so müßten wir uns einen Menschen denken, der das Kreuz über eine Länge von zehn Kilometern schlägt und für diese Geste nicht mehr als eine dreißigtausendstel Sekunde benötigt. In diesen beiden Zahlen selbstverständlich steckt eben die Lichtgeschwindigkeit – das heißt, die Geste für diesen Menschen in der Mitte der räumlichen und zeitlichen Schöpfung müßte mit Lichtgeschwindigkeit ausgeführt werden.

Dem Kenner der Materie ist bestimmt nicht entgangen, daß ich bei der Diskussion dieses ganzen Stoffes das Gedankengut der Relativitätstheorie überhaupt nicht angesprochen habe. Das ist mit einer gewissen Absicht geschehen. Auf der Basis der Sinnesphysiologie und damit der menschlichen Erfahrung ist diese Gedankenwelt nämlich nicht diskutierbar, und wir wollten uns ja nur über Sinneseindrücke und deren Wirkungen auf das Bewußtsein unterhalten. Nach den Begriffsbildungen der Relativitätstheorie besteht eine gewisse Verwandtschaft zwischen den Dimensionen von Raum und Zeit. Der Kitt zwischen diesen beiden uns so eindringlich verschieden erscheinenden Wesenheiten liegt in der Lichtgeschwindigkeit, die ja die einfachste physikalische Verknüpfung von Raum und Zeit darstellt. Eine Geschwindigkeit ist nämlich eine Division von Raum und Zeit – das heißt, daß diese beiden in ein maßstäbliches Verhältnis gesetzt werden. Die für uns völlig unbegreiflich große Geschwindigkeit des Lichtes – 300000 Kilometer pro Sekunde – zeigt uns schon, wie hoffnungslos wir mit unserem Vorstellungsvermögen dem natürlichen Gefüge der Schöpfung gegenüberstehen. Eine Einsicht in eine solche Verwandtschaft oder gar Identität ist unserem Vorstellungsvermögen völlig verschlossen. Ganz offensichtlich liegt dieser Mangel an Einsicht daran, daß in unserem Bewußtsein die wahrnehmbaren Grunddimensionen von Raum und Zeit so unerhört auseinanderklaffen. Das haben wir ja an dem grotesken Beispiel der Geste des Kreuzschlagens gesehen. Auch haben wir Schwierigkeiten gehabt, die für uns unvergleichbaren Einheiten Zeit und Raum in ihrer absoluten Größe als Grundeinheiten zu vergleichen. Wir haben uns vorhin ja gefragt: «Wie lange dauert ein Meter?» Diese Antwort möchte ich noch geben. Wenn wir ein Quadrat zeichnen wollen, bei dem die waagrechten Seiten einer natürlichen Längeneinheit des Raumes entsprechen und die senkrechten Seiten die natürliche Zeiteinheit darstellen, so wäre das Quadrat 300000

Kilometer breit und eine Sekunde hoch.

Heute müssen wir mit einer erdrückenden Wahrscheinlichkeit annehmen, daß wir nicht die einzigen intelligenten Wesen im Weltall sind. Wäre es nicht denkbar, daß andere Wesen mit der Qualität und den Dimensionen ihrer Sinnesempfindungen dem Wesen der Schöpfung besser angepaßt sind? Das wäre schon denkbar, vor allem wenn wir überlegen, daß wir für eine ganze Reihe von physikalischen und chemischen Kräften keine Sinnesorgane haben. Selbst bei Vertretern des irdischen Lebens gibt es Geschöpfe, die für elektrische Spannungsdifferenzen in ihrer Umwelt empfindlich sind. Es gibt Fische, die einen «elektrischen» Sinn haben. Vermutlich hat dieser im Bewußtsein der Fische eine für uns völlig unvorstellbare Modalität. Die damit verbundene, bewußtwerdende Sinnesempfindung können wir uns in ihrem Charakter und ihrer Qualität überhaupt nicht vorstellen. So haben wir Menschen noch einen Sinn, über den ich noch nicht geredet habe. Das ist der sexuelle Lustsinn, der eine ganz typische und unbeschreibliche Modalität hat. Vielleicht ist dieser Sinn besonders gut geeignet, die Unbeschreiblichkeit von Sinnesmodalitäten zu kennzeichnen. Ein kleines Kind vor der Pubertät ist physisch nicht imstande, einen echten Orgasmus zu erleben. So gibt es für jeden Menschen einmal in seinem Leben einen Zeitpunkt, in dem er zum erstenmal diese Sinnesmodalität erlebt. Die völlige Fremdartigkeit dieser Sinnesmodalität, die dann das Bewußtsein bestürmt, ist erschütternd.

So wäre es durchaus denkbar, daß Geschöpfe auf fremden Welten für uns vollständig fremde Sinne besitzen und dadurch Sinnesempfindungen wahrnehmen, die für uns absolut exotisch sind. Darüber jedoch können wir nur spekulieren. Allerdings müssen wir wohl davon ausgehen, daß auch diese Sinne letzten Endes auf dem Ablauf biochemischer Prozesse beruhen. Nun sind die Atome und Moleküle, aus denen sich diese fremden Lebewesen auch aufbauen müssen, ziemlich klein, und die chemischen Prozesse laufen relativ langsam ab. Damit wäre auch bei exotischen Sinnen wieder jene Diskrepanz in der Wahrnehmung des Raumes und der Zeit gegeben.

Als die Natur die höheren Lebewesen und damit auch den Menschen schuf, hat sie diese mit Sinnesorganen ausgestattet. Die Sinnesorgane hatten in erster Linie und eigentlich nur den Zweck, den Lebewesen Auskünfte zu geben über die physikalischen und chemischen Zustände in ihrer unmittelbaren Umwelt. Nur solche Lebewesen, die mit ihren Sinnesorganen freundliche Umwelten aufsuchen und feindliche Umwelten vermeiden konnten, haben überlebt und die biologische Entwicklung des irdischen Lebens zu jenen Höhen und zu jener Vielfalt geführt, die wir heute auf der Erde beobachten.

Das allein ist der Sinn unserer Sinnesorgane, und deshalb haben sich auch ihre Funktionen in denen uns zugänglichen Dimensionen des Raumes und der Zeit entwickelt. Als die irdischen Lebensformen entstanden, gestaltete die Schöpfung diese als Strukturen aus chemisch verknüpften Bauelementen. So etwas gibt es nur in Einheiten von der Größenordnung zwischen ein paar millionstel Millimetern und maximal etwa dreißig Metern. Das ist die Spanne zwischen der Größe eines Virus und eines Wals. Mit dieser biochemischen Struktur für die irdischen Lebewesen war bereits auch die Entscheidung dafür gefallen, wo wir als Menschen innerhalb der riesigen Spanne der Raumdimension der Schöpfung angesiedelt sind.

Als Vehikel der Kommunikation zwischen den einzelnen chemischen Bauelementen ihrer irdischen Lebewesen entschied sich die Schöpfung für elektrochemische Prozesse; die Fortleitung eines Reizes längs einer Nervenfaser ist dafür das klassische Beispiel. Diese Vorgänge laufen – gemessen an dem Maß der universellen Zeitabfolgen – sehr langsam ab. Da auch unsere Denkprozesse von der Geschwindigkeit des elektrochemischen Signalabtauschs zwischen einzelnen Gehirnzellen abhängig sind, empfinden und denken wir – kosmisch gesehen – im Schneckentempo. Vielleicht gibt es doch an anderen Orten im Universum intelligente Wesen, welche die Größe von Bergen haben und bei denen die sinnesphysiologische Signalübertragung auf der Basis elektromagnetischer Wellen, das heißt mit Lichtgeschwindigkeit, erfolgt. Solche Wesen hätten dann vielleicht einen besseren Einblick in die wahre Natur der Schöpfung als wir.

Aufgrund dieser Überlegungen nun müssen wir die Leistungen und Grenzen unserer Sinnesorgane und der damit verbundenen menschlichen Vorstellungskräfte für Raum und Zeit im rechten Lichte sehen. Unsere Sinnesorgane sind bewundernswert empfindliche und leistungsfähige Instrumente, die es ermöglichen, uns in den Dimensionen unseres Lebensraumes und unserer Lebenszeit hervorragend zurechtzufinden. Dazu sind unsere Sinnesorgane geschaffen worden, und nicht etwa als Forschungswerkzeuge, mit denen wir vielleicht die Welten der Atome und der Milchstraßen ergründen sollten.

So dürfen wir uns auch gar nicht darüber wundern, daß diese Sinnesorgane und die durch sie begrenzten Vorstellungskräfte den Menschen bei seinem Wunsch, die Schöpfung zu begreifen, schon so oft, so lange und so hartnäckig in die Irre geführt haben.

Trotz ihrer Höchstentwicklung und der Raffinesse in ihrer Funktion sind unsere Sinnesorgane ein Käfig, der uns in Raum und Zeit gefangenhält. Nur in der Transzendenz unseres Bewußtseins liegt die Fähigkeit, diesen Käfig zu sprengen.

Bildquellen

Seite 11: Staatsbibliothek Berlin. Kupferstich nach Duverney aus der Enzyklopädie von Diderot und d'Alembert, 1762.
Seite 18: Hans-Hermann Kropf, Königsbronn, nach Vorlagen des Autors.
Seite 46: Archiv der Deutschen Verlags-Anstalt, Stuttgart.
Seite 54: Hans-Hermann Kropf, Königsbronn, nach Vorlagen des Autors.
Seite 70: Staatsbibliothek Berlin.
Seite 74: Hans-Hermann Kropf, Königsbronn, nach Vorlagen des Autors.

541/6

556/7

Natur und Wissenschaft

Prof. Dr. HANS BENDER
Unser sechster Sinn. Telepathie, Hellsehen, Spuk. Mit 99 teils mehrf. Abb. [6796]

WERNER BRAUNBEK
Neue Physik. Die Revolutionierung des physikalischen Weltbildes [6898]

NIGEL CALDER
Erde – ruheloser Planet. Die Revolution der modernen Erdwissenschaft [6859]

Das Lebensspiel. Die Evolution im Licht der modernen Biologie [6945]

Die Wettermaschine. Droht eine neue Eiszeit? [7057]

HOIMAR VON DITFURTH
Zusammenhänge. Gedanken zu einem naturwissenschaftlichen Weltbild [7053]

VITUS B. DRÖSCHER
Die freundliche Bestie. Forschungen über das Tier-Verhalten [6845]

Sie töten und sie lieben sich. Naturgeschichte sozialen Verhaltens [6998]

HANS W. FRICKE
Korallenmeer. Verhaltensforschung am tropischen Riff. Einführung: Irenäus Eibl-Eibesfeldt. Mit 66 farb. Abb. [6910]

KARL VON FRISCH
Zwölf kleine Hausgenossen. Mit 90 Abb. im Text [6966]

HEINZ HABER
Unser blauer Planet. Die Entwicklungsgeschichte der Erde. Mit 65 meist mehrfarbigen Abb. [6609]

Der Stoff der Schöpfung. Mit 82 meist mehrfarbigen Abb. [6625]

Der offene Himmel. Eine moderne Astronomie. Mit 72 meist mehrfarbigen Abb. [6691]

Brüder im All. Von der Möglichkeit kosmischen Lebens. Mit 65 meist mehrfarbigen Abb. [6720]

Unser Wetter. Einführung in die moderne Meteorologie [6831]

Stirbt unser blauer Planet? [6924]

EGMONT R. KOCH / WOLFGANG KESSLER
Menschen nach Maß. Manipulation der Erbanlagen – Eingriff in das Gehirn [6970]

ERWIN LAUSCH
Manipulation. Der Griff nach dem Gehirn. Methoden, Resultate, Konsequenzen der Gehirnforschung [6876]

JANE VAN LAWICK-GOODALL
Wilde Schimpansen. 10 Jahre Verhaltensforschung am Gombe-Strom. Fotos von Hugo van Lawick. Mit 49 einf. und 8 farb. Abb. auf Tafeln u. 20 Abb. im Text [6920]

JÜRGEN NICOLAI
Vogelleben. Einführung: Konrad Lorenz. Mit 60 farb. Abb. [6935]

BERTRAND RUSSELL
Das ABC der Relativitätstheorie. Neu herausgegeben v. Felix Pirani [6787]

HORST STERN
Bemerkungen über Pferde. Mit 126 meist mehrfarbigen Abb. [6841]
Bemerkungen über Hunde. Mit 92 meist mehrfarbigen Abb. [6855]
Bemerkungen über Bienen. Mit 73 meist mehrfarbigen Abb. [6881]
Mut zum Widerspruch. Reden und Aufsätze [6974]

NIKO TINBERGEN
Tierbeobachtungen zwischen Arktis und Afrika. Forscherfreuden in freier Natur. Mit einem Geleitwort von Konrad Lorenz. Mit 80 Abb. auf Tafeln und im Text [6822]

JAMES D. WATSON
Die Doppel-Helix. Einf. von Prof. Dr. Heinz Haber [6803]

KLAUS ZEEB
Pferde dressiert von Fredy Knie. Eine Verhaltensstudie [6929]

Jugendhandbuch Naturwissen

handbuch rororo

in 6 Bänden (rororo handbuch 6203 bis 6208)

Jede Doppelseite dieses umfassenden Handbuchs bildet mit dem erläuternden Text und seinen farbigen Abbildungen eine abgeschlossene Einheit, auf der die nächste Doppelseite aufbaut. So werden Zusammenhänge deutlich, die Fülle des Wissens über die Natur und ihre Gesetze wird klar und durchschaubar.

Gliederung:

Die belebte Natur: die Arten und ihre Entwicklung	Die unbelebte Natur: die Naturgesetze und ihre Anwendung
Band 1 Bausteine des Lebens Evolution Pflanzen	Band 4 Erde und Weltall, Messen, Zählen, Rechnen, Bewegungen und Kräfte
Band 2 Wirbellose Tiere, Insekten, Fische, Lurche, Reptilien, Vögel	Band 5 Energie, Wärme und Wärmekraft, Licht und Schall
Band 3 Säugetiere Lebensräume Der Mensch	Band 6 Elektrizität und Elektronik, Kernphysik, Chemie

887/1

889/1